SAMMLUNG GÖSCHEN BAND 1061

GETRIEBELEHRE

von

DIPL.-ING. P. GRODZINSKI †

I

GEOMETRISCHE GRUNDLAGEN

Dritte, neubearbeitete Auflage

von

DIPL.-ING. GISBERT LECHNER

Mit 131 Figuren

WALTER DE GRUYTER & CO.

vormals G. J. Göschen'sche Verlagshandlung · J. Guttentag, Verlagsbuchhandlung · Georg Reimer · Karl J. Trübner · Veit & Comp

BERLIN 1960

Inhaltsverzeichnis

Schrifttum

(chronologisch geordnet)

1. R. Willis, Principles of Mechanism, 1. Ausg. 1841, 2. Ausg. London, 1870.
2. F. Reuleaux, Theoretische Kinematik, I. Teil, Braunschweig, 1875.
3. F. Grashof, Theoretische Maschinenlehre, Theorie der Getriebe, Hamburg-Leipzig, 1883.
4. L. Burmester, Lehrbuch der Kinematik, Leipzig, 1888.
5. F. Reuleaux, Theoretische Kinematik, II. Teil, Braunschweig, 1900.

6. C. W. MacCord, Velocity Diagrams, their contruction and their Uses, New York, London, 1901.
7. H. Polster, Kinematik, Sammlung Göschen, 1912, 2. Auflage 1920.
8. W. Hartmann, Die Maschinengetriebe, Berlin, 1913.
9. M. Grübler, Getriebelehre, Berlin, 1917.
10. A. W. Klein, Kinematics of Machinery, New York, London, 1917.
11. Christmann-Baer, Grundzüge der Kinematik, 2. Auflage, Berlin, 1922.
12. F. Wittenbauer, Graphische Dynamik, Berlin, 1923.
13. Ausschuß für wirtschaftliche Fertigung AWF-Getriebeblätter, Berlin, 1922—1944.
14. R. Beyer, Einführung in die Kinematik, Leipzig, 1928.
15. AWF-Getriebe- und -Getriebemodelle, Bd. I. Berlin, 1928, Bd. II. Berlin, 1929.
16. Jahr-Knechtel, Grundzüge der Getriebelehre, I. Band, Leipzig, 1930. Dritter Neudruck, Leipzig 1949.
17. H. J. Knab, Getriebelehre, 2. Auflage, Nürnberg, 1930.
18. R. Beyer, Technische Kinematik, Leipzig, 1931.
19. K. Rauh, Praktische Getriebelehre, I. Band, Berlin, 1931. 2. Aufl., Berlin 1951.
20. M. Mack, Geometrie der Getriebe, Berlin, 1931.
21. Th. Poeschl, Einführung in die ebene Getriebelehre, Berlin, 1932.
22. K. Federhofer, Graphische Kinematik und Kinetostatik. Berlin, 1932.
23. R. Müller, Einführung in die ebene Getriebelehre, Berlin, 1932.
24. P. Grodzinski, Getriebelehre, Bd. II, Sammlung Göschen, 1933.
25. Jahr-Knechtel, Grundzüge der Getriebelehre, Bd. II, Leipzig, 1938.
26. K. Rauh, Praktische Getriebelehre, Bd. II, Berlin, 1939.
27. W. Steeds, Mechanism and the Kinematics of Machines, London, 1940.
28. R. Franke, Vom Aufbau der Getriebe, Bd. I, Die Entwicklungslehre der Getriebe, 1. Aufl. 1943, 2. Aufl. 1948.

29. P. Grodzinski, A practical Theory of Mechanisms, Manchester, 1947.
30. R. Kraus, Grundlagen der Getriebelehre, Hannover, Wolfenbüttel 1949.
31. K. Hain und W. Meyer zur Capellen, Kinematik. FIAT Review of German Science 1939—1946 (Naturforschung und Medizin in Deutschland), Bd. 7: Angewandte Mathematik, Teil V.
32. O. Kraemer, Getriebelehre. Eine Auswahl für Studium und Praxis, Karlsruhe, 1950.
33. K. H. Sieker, Einfache Getriebe, Bd. 15 der Lehrbücher der Feinwerktechnik, Leipzig, 1950.
34. R. Franke, Vom Aufbau der Getriebe, Bd. II. Die Baulehre der Getriebe, Düsseldorf, 1951.
35. K. Federhofer, Prüfungs- und Übungsaufgaben aus der Mechanik des Punktes und des starren Körpers, Teil I—III, Wien 1950, 1951.
36. R. Kraus, Getriebelehre, Berlin 1951.
37. K. Hain, Angewandte Getriebelehre, Hannover 1952.
38. R. Beyer, Kinematische Getriebesynthese, Berlin 1953.
39. AWF- VDMA- VDI-Getriebehefte und Getriebeblätter, Berlin 1955—1958.
40. R. Beyer, Kinematisch-getriebeanalytisches Praktikum, Berlin 1958.
41. R. Beyer, Kinematisch-getriebedynamisches Praktikum, Berlin 1960.

In den vorstehend angegebenen Werken finden sich zum Teil umfangreichere Literaturhinweise, insbesondere auch über Zeitschriftenaufsätze. Zahlreiche Werke, insbesondere 2, 4, 5 und 8 sind vergriffen. Die unter 13 und 39 angeführten Getriebeblätter sind eine Zusammenstellung von in der Praxis angewandten Getrieben und der hierfür notwendigen Konstruktionen. Die Sammlung wird laufend ergänzt. Einzelne Abbildungen wurden mit Erlaubnis des AWF dieser wichtigen Sammlung entnommen.

Einleitung

Die Getriebelehre oder Zwanglauflehre[1]) macht Gebrauch von grundlegenden Lehren der Geometrie, der Mechanik und selbstverständlich auch, soweit dies erforderlich ist, der Festigkeitslehre und der Thermodynamik.

Vor allem kann die Getriebelehre des *geometrischen Aufbaues* nicht entraten, denn ein Getriebe wird überhaupt nur dann praktisch ausgeführt werden können, wenn die verschiedenen Stellungen oder Lagen seiner Glieder geometrisch möglich sind. Eine bestimmte Bewegung (vollständiger Umlauf einer Kurbel) wird nur bei entsprechender Wahl von Größe und Lage der davon beeinflußten Getriebeglieder möglich sein.

Die Getriebe und ihre Glieder müssen nicht nur in bestimmter Weise beweglich sein, sondern diese Bewegungen müssen auch innerhalb bestimmter Zeitabschnitte ausgeführt werden.

Während die Geometrie nur mit dem Begriff des Raumes arbeitet, berücksichtigt die *Bewegungsgeometrie* noch den Begriff der Zeit. Man kann sie also als die Wissenschaft bezeichnen, die den räumlichen und den zeitlichen Verlauf der Bewegungen erforscht. Während die Mechanik, insbesondere Kinetik oder Dynamik, zu Raum und Zeit noch den Begriff der Masse hinzunimmt, kann man die Bewegungsgeometrie als eine erweiterte Geometrie ansehen. Die Bewegungsgeometrie hatte im Laufe ihrer Entwicklung eine Reihe von Aufgaben zu lösen, und ihre Ent-

---

[1]) In wissenschaftlichem Sinne nennt man die Bewegungsgeometrie (Phoronomie) auch Kinematik (von κινημα Bewegung), leider versteht man in technischen Kreisen unter „Kinematik" auch die körperliche Ausbildung der die Bewegung ausführenden Körper. Um eine klare Unterscheidung zu finden, soll das Wort „Kinematik" möglichst vermieden werden; die reine Bewegungslehre soll Bewegungsgeometrie, die Lehre der körperlichen „Ausbildung" von Bewegungsvorgängen soll „Getriebelehre" oder Zwanglauflehre genannt werden.

wicklung kann heute noch nicht als abgeschlossen angesehen werden. Seit geraumer Zeit stehen Verfahren zur Verfügung, um Geschwindigkeiten und Beschleunigungen (und Kräfte) an beliebigen Bewegungen zu untersuchen. Ein Ausschnitt aus diesem Gebiet wird im ersten Teil dieser Arbeit unter „Bewegungsgeometrie" gegeben (Getriebeanalyse). Weitgehendste Anwendung wird von graphischen Verfahren gemacht, die von W. Hartmann, R. Mollier und anderen in hoher Vollkommenheit entwickelt wurden. Diese Verfahren sind weit anschaulicher als rechnerische Verfahren, die zum Teil noch im Ausland angewandt werden und die nur für bestimmte Getriebe mit geometrisch einfachen Beziehungen geeignet sind.

Es sei betont, daß diese Verfahren lediglich ermöglichen, ein in seinen wesentlichen Abmessungen gegebenes Getriebe zu untersuchen, bezüglich der in einzelnen Teilen auftretenden Geschwindigkeiten und Beschleunigungen, um danach die Teile werkstoffgerecht auszuwählen und zu bemessen. Damit sind gleichzeitig die Hilfsmittel an die Hand gegeben, um gewisse Verbesserungen hinsichtlich Abmessungen und Lage der Getriebeglieder zu geben, ohne jedoch den gegebenen getrieblichen Zusammenhang zu ändern. Die Verfahren erlauben auch verschiedene Getriebe für den gleichen Zweck miteinander zu vergleichen und dann die beste Lösung zu wählen.

Im zweiten Teil wird Gebrauch von rein geometrischen Verfahren zum Aufbau von Getrieben gemacht. Die sogenannte *Zahlensynthese*, erstmalig von M. Grübler angewandt, hat durch die Hand von K. Kutzbach und R. Kraus in Deutschland und A. W. Klein in Amerika eine wesentliche Weiterentwicklung erfahren.

Ein weiterer Zweig der Bewegungsgeometrie, die *Maßsynthese*, kann hier nur ganz kurz gestreift werden. Aus den nahezu vergessenen Arbeiten von L. Burmester und R. Müller ist sie von H. Alt, R. Beyer, W. Lichtenheldt, K. Hain wesentlich weiterentwickelt worden. Noch heute wird die Bedeutung dieser Lehren von vielen Ingenieuren nicht voll verstanden. Es ist dies ein Zweig, der noch stark im Aufbau begriffen ist und noch der engsten Zusammenarbeit mit dem Maschineningenieur bedarf, um einwandfreie Getriebe zu entwickeln.

Die so entwickelten Methoden erlauben, bestimmte Forderungen aufzustellen und danach ein Getriebe zu finden, das diesen Forderungen genügt. Beispielsweise können zwei und mehr Stellungen eines Gliedes gegeben sein, und es sind die Aufhängepunkte zu finden, die es zur Koppel eines Gelenkvierecks macht, dessen feste Gelenkpunkte oder dessen Kurbellänge gegeben sind. Es muß jedoch vor der falschen Auffassung gewarnt werden, daß die Maßsynthese ermöglicht, *eine Getriebeform* zu finden. Die mögliche Getriebeform: Gelenkviereck, Gelenksechseck usw. muß jedoch bereits vorher festliegen, da nur dann die geometrischen Hilfsmittel zweckmäßig anwendbar sind.

Diese Überlegungen zeigen anschaulich, daß nur durch gemeinsame Anwendung der verschiedenen Grundverfahren der Getriebelehre der vom Maschineningenieur erwartete brauchbare Entwurf eines Getriebes entsteht. Beispielsweise dürften die Grundüberlegungen rein anschaulicher Natur sein, um einen geeigneten Getriebetyp zu finden (siehe Bd. II: Angewandte Getriebelehre), die den gestellten Bedingungen genügt. Die folgende Aufgabe wäre Anwendung der Zahlensynthese, ob das beabsichtigte Getriebe die für den Zweck geringste Zahl von Gelenken und Gliedern hat, und ob gleichwertige Getriebe bestehen. Der nächste Schritt wäre Anwendung der Maßsynthese, um die geeigneten Abmessungen des Getriebes zu ermitteln, woraufhin dann die analytischen Verfahren angewandt werden, um Geschwindigkeiten und Beschleunigungen aufzufinden und das Geschwindigkeits- und Beschleunigungsverhalten festzulegen. Daraufhin ist dann das Getriebe mit Rücksicht auf die Maschine konstruktiv zu entwickeln. Das Getriebe mag dann schwer mit der Form des ersten

Entwurfes in Einklang zu bringen sein. Der geschilderte Werdegang ist nur beispielsweise gegeben, da häufig wesentliche Abweichungen in der Reihenfolge notwendig sein werden, beispielsweise, wenn bestimmte Geschwindigkeiten oder Beschleunigungen gegeben sind.

Die Reihenfolge der Behandlung in diesem Bändchen ist von didaktischen Gründen bestimmt.

Bewegungsgeometrie

(Bahnen, Geschwindigkeiten und Beschleunigungen ebener Systeme)

1. Ebene Bewegung eines Punktes

1.1 Geradlinige Bewegung eines Punktes

Weg. Die gerade Linie fg (Bild 1) sei die Bahn eines Punktes A. Punkt O ist ein willkürlich gewählter Punkt auf dieser Bahn, der als Bezugspunkt für die Bewegung von A dienen soll. Die Lage von A auf der Geraden fg ist durch den Abstand $OA = s$ bestimmt. Um die Lage des Punktes A rechts oder links von O unterscheiden zu können, legen wir fest, daß $OA = s$ rechts von O ein positives, links von O ein negatives Vorzeichen erhält.

Bild 1. Geradlinige Bewegung eines Punktes vom Stillstand O.

Die Bewegung des Punktes A auf fg ist eindeutig bestimmt, sobald man zu jeder Zeit t die jeweilige Entfernung $OA = s$ kennt.

Um eine bestimmte Geschwindigkeit v aus dem Ruhezustand zu erreichen, muß ein Punkt vorerst eine bestimmte Beschleunigung p haben. Umgekehrt, um von einer Geschwindigkeit v zur Ruhe gebracht zu werden, muß dem Punkt eine negative Beschleunigung oder Verzögerung erteilt werden.

Dieser Zusammenhang kann nun durch Versuche ermittelt oder durch eine mathematische Beziehung zwischen s und t gegeben sein. Man drückt dies so aus, daß s eine Funktion von t ist, in Zeichen

$$s = f(t)\,. \tag{1}$$

$f(t)$ bedeutet eine an sich willkürliche Funktion der Zeit, die jedoch stetig und eindeutig sein muß.

Um die Bewegung des Punktes A zu veranschaulichen, benutzt man eine graphische Darstellung, und zwar trägt man über der Zeit t als Abszisse den Weg s als Ordinate auf. Man erhält so das **Zeit-Weg-Schaubild** (*ts*-Schaubild, **Bild 3**). Bild 3 gilt für den allgemeinen Fall (Bild 2), daß die Bewegung nicht im Ursprung O, sondern bei einem Punkte A_0 beginnt, wobei $OA_0 = s_0 = f(t_0)$.

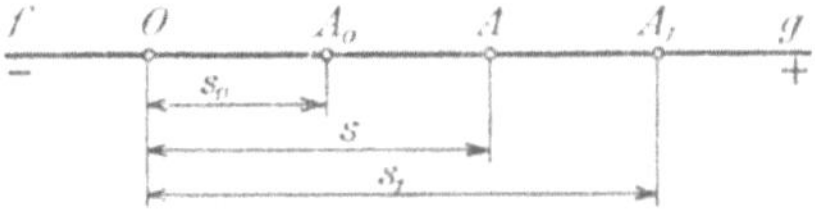

Bild 2. Geradlinige Bewegung eines Punktes, nach dem bereits ein bestimmter Weg s_0 zurückgelegt ist.

Geschwindigkeit. Um die Art des Bewegungsverlaufs zu kennzeichnen, benutzt man allgemein den Begriff der *Geschwindigkeit*. Man versteht hierunter die *Wegänderung in der Zeiteinheit*. In Bild 3 ergibt sich die Geschwindigkeit v des Punktes A zur Zeit t als Verhältnis des kleinen Wegabschnitts $\mathrm{d}s$ zu dem entsprechenden Zeitabschnitt $\mathrm{d}t$. Werden die Abschnitte $\mathrm{d}s$

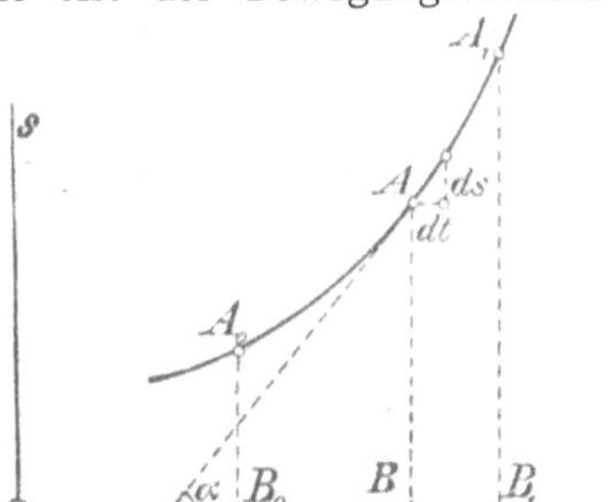

Bild 3. Zeit-Weg-Schaubild für eine beliebige Bewegung; die jeweilige Geschwindigkeit ist durch die Neigung der Tangente gegeben.

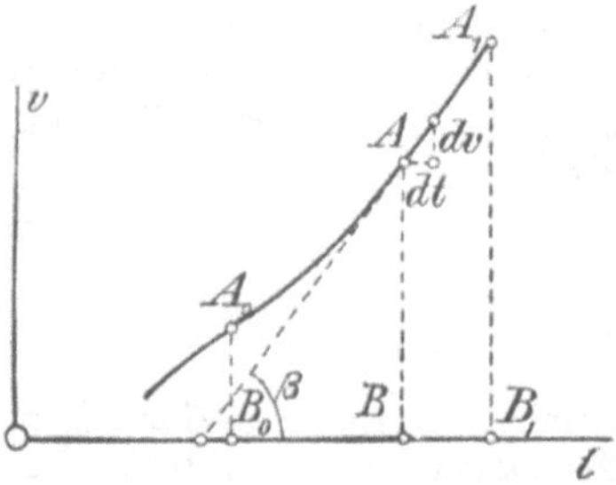

Bild 4. Zeit-Geschwindigkeits-Schaubild für beliebige Bewegung; die jeweilige Beschleunigung ist durch die Neigung der Tangente gegeben.

und dt unendlich klein, so erhält man

$$v = \frac{\mathrm{d}s}{\mathrm{d}t} = \frac{\mathrm{d}f(t)}{\mathrm{d}t} = f'(t)\,. \quad (2)$$

Aus der Differentialrechnung ist bekannt (s. auch Bild 3), daß $v = \operatorname{tg} \alpha$, d. h. die jeweilige Geschwindigkeit entspricht der Tangente an die Zeit-Wegkurve.

Trägt man die jeweilige Geschwindigkeit v graphisch über der Zeit t auf, so erhält man als weiteres kennzeichnendes Bild des Bewegungsverlaufes das Zeit-Geschwindigkeitsschaubild (tv-Schaubild, Bild 4). Aus der Beziehung Gl. 2) erhalten wir

$$\mathrm{d}s = v \cdot \mathrm{d}t;$$

zwischen den Zeiten $t = t_0$ und $t = t_1$ ergibt sich durch Integration $s_1 - s_0 = \int_{t_0}^{t_1} v \cdot \mathrm{d}t$, d. h. der in diesem Zeitabschnitt zurückgelegte Weg. Er wird im tv-Schaubild dargestellt durch die Fläche $A_0A_1B_1B_0$.

Durch Auftragen der Geschwindigkeit v über dem Weg s erhält man das Weg-Geschwindigkeitsschaubild (sv-Schaubild), das (s. weiter unten) für den Beschleunigungsverlauf wichtig ist.

Beschleunigung. Ändert sich die Geschwindigkeit v der Bewegung mit der Zeit, so ist es für die Beurteilung des Bewegungsvorganges (insbesondere auch für das dynamische Verhalten) notwendig, die Geschwindigkeitsänderung während der Zeiteinheit zu erfassen. Unter der Beschleunigung p des Punktes A zur Zeit t versteht man das

Verhältnis der kleinen Geschwindigkeitsänderung dv zu dem entsprechenden Zeitabschnitt dt. Werden die Abschnitte dv und dt unendlich klein, so erhält man

$$p = \frac{dv}{dt} = \frac{d^2 s}{dt^2} = f''(t)\,. \qquad (3)$$

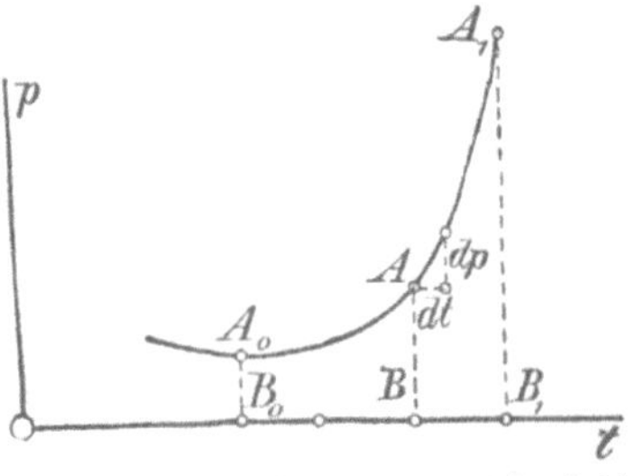

Bild 5. Zeit-Beschleunigungs-Schaubild für beliebige Bewegungen; die in einem bestimmten Zeitabschnitt erzielte Geschwindigkeit ist durch die unterhalb der Kurve liegende Fläche gegeben.

Aus Bild 4 erkennt man, daß $p = \operatorname{tg}\beta$. Graphisch über der Zeit aufgetragen ergibt sich das tp-Schaubild (Bild 5). Man kann p auch aus dem sv-Schaubild erhalten, und zwar ist

$$p = \frac{dv}{dt} = \frac{dv}{ds} \cdot \frac{ds}{dt} = v\,\frac{dv}{ds} \qquad (4)$$

also nur abhängig von v und s. Im Schaubild (Bild 6) ist die Subnormale

$$BC = v \cdot \operatorname{tg}\gamma = \\ = v \cdot \frac{dv}{ds} = p\,.$$

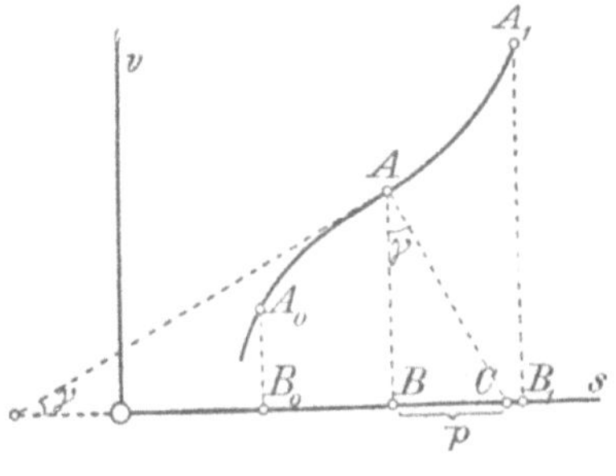

Bild 6. Weg-Geschwindigkeits-Schaubild. Die Subnormale ergibt die Beschleunigung.

Aus dem Zeit-Beschleunigungs-Schaubild (tp-Schaubild, Bild 5) läßt sich auch umgekehrt die Geschwindigkeit v ableiten. Aus der Beziehung Gl. (3) erhalten wir

$$dv = p \cdot dt\,.$$

Zwischen den Zeiten $t = t_0$ und $t = t_1$ ergibt sich durch Integration $v_1 - v_0 = \int_{t_0}^{t_1} p \cdot dt$, d. h. die in diesem Zeitabschnitt aufgetretene Geschwindigkeitszunahme. Sie wird am tp-Schaubild dargestellt durch die Fläche $A_0A_1B_1B_0$.

Die Tangente an die Kurve (Bild 5) gibt die Änderung der Beschleunigung mit der Zeit: $\frac{dp}{dt} = \frac{d^3s}{dt^3}$. Im allgemeinen werden höhere Ableitungen als $p = \frac{d^2s}{dt^2}$ nicht berücksichtigt. P. Melchior hat vorgeschlagen, die Ableitung von p, d. h. $\frac{dp}{dt}$, als Ruck zu bezeichnen.

Sonderfälle. Gleichförmige Bewegung ist eine Bewegung, bei der in gleichen Zeiten gleiche Wege zurückgelegt werden, also

$$v = \text{konst}; \; p = O; \; s = v \cdot t.$$

Gleichförmig beschleunigte Bewegung ist eine Bewegung, bei der die Beschleunigung stets gleichbleibt. Aus $p =$ konst. folgert

$$v = p \cdot t \text{ und } s = \frac{p}{2} \cdot t^2 \text{ (Beispiel: freier Fall).}$$

Die Beziehungen, die zwischen Höchst- und Kleinstwerten von Weg, Geschwindigkeit und Beschleunigung einer beliebigen Bewegung bestehen, werden aus Bild 7 klar. Hat die Wegkurve s einen Höchst- oder Kleinstwert (analytische Bedingung $\frac{ds}{dt} = O$), so ist nach $v = \frac{ds}{dt}$ v ebenfalls O. Man erkennt in Bild 7, daß zu Beginn der Bewegung und an ihrem Ende s eine horizontale Tangente aufweist, ebenso in der Mitte der Bewegung. Die Geschwindigkeit erreicht ihre Höchstwerte, wenn die Wegkurve eine Wendetangente aufweist, d. h. wenn sie ihre Richtung ändert. Ähnliche Beziehungen bestehen zwischen Geschwindigkeit und Beschleunigung. Für $v = O$ hat ent-

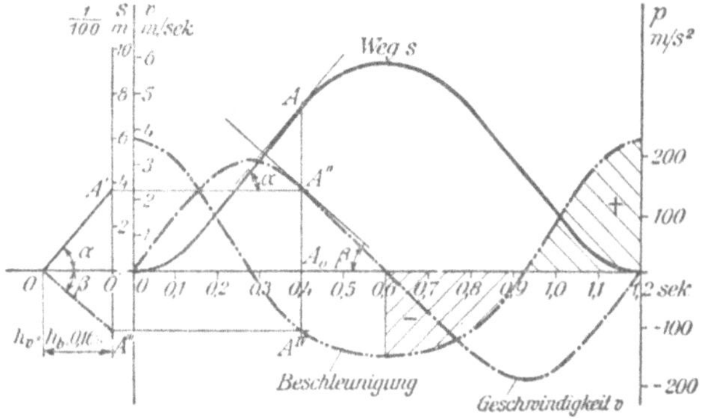

Bild 7. Zeit-Weg-, Zeit-Geschwindigkeits- und Zeit-Beschleunigungs-Schaubild für ein Kreuzschleifengetriebe; harmonische Bewegung, graphische Ermittlung.

sprechend $p = \frac{dv}{dt} = O$ die Beschleunigung p Höchst- oder Kleinstwerte, andererseits ist $p = O$ für die Höchst- und Kleinstwerte von v.

B e i s p i e l : Harmonische Schwingung (Kreuzschleifenbewegung Bild 73 und 74, S. 96). Eine Kurbel dreht sich mit konstanter Winkelgeschwindigkeit und treibt am Halbmesser a einen Schieber. Sein Abstand von der Mittelstellung ist gegeben durch $s = a \cdot \cos \alpha = a \cdot \cos \omega t$, seine Geschwindigkeit ist $v = \frac{ds}{dt} = a \cdot \omega \cdot \sin \omega t$, seine Beschleunigung

$$b = \frac{dv}{dt} = -a \omega^2 \cos \omega t = -\omega^2 s.$$

Die größte Auslenkung des Schiebers ist $s = \pm a$, mit $v = O$ und $b_{max} = \pm \omega^2 a$, d. h. die größte Beschleunigung ergibt sich in den Endstellungen. Die größte Geschwindigkeit des Schiebers ergibt sich für $s = a/2$, wobei auch die Beschleunigung O ist.

Einheiten. In der Bewegungslehre treten nur zwei Grundeinheiten auf, nämlich die der *Länge* und die der

Zeit; alle übrigen Einheiten, wie die der Geschwindigkeit und Beschleunigung, sind hierauf zu beziehen.

Längen und Wege werden in der Technik in mm, cm, m und km gemessen, Zeiten in min, sek, Stunden, neuerdings auch häufiger in $\frac{\text{min}}{100}$. Aus der Begriffsbestimmung der Geschwindigkeit erhalten wir dann das Maß für die Geschwindigkeit z. B. in cm/sek; m/sek; m/min; km/St. Am üblichsten ist das Maß m/sek, das auch im folgenden ausschließlich angewandt wird.

Zur zeichnerischen Darstellung der Wege, Geschwindigkeiten und Beschleunigungen ist es notwendig, den *Zeichenmaßstab* so zu wählen, daß wir ein möglichst anschauliches Bild der Bewegung erhalten. Wir können für die einzelnen Werte an sich beliebige Maßstäbe wählen, nur muß der durch die Bewegung gegebene Zusammenhang gewahrt bleiben. Gerade das Umrechnen der Maßstäbe bereitet dem Anfänger erhebliche Schwierigkeiten, weshalb hierauf etwas näher eingegangen sei.

Maß der Zeichnung	*wirkliches Maß*
Wegmaßstab 1 cm	$\widehat{=}\, a$ m
Zeitmaßstab 1 cm	$\widehat{=}\, T$ sek
Geschwindigkeitsmaßstab 1 cm ..	$\widehat{=}\, \beta = \frac{a}{T \cdot h_v}$ m/sek

Beschleunigungsmaßstab

$$1 \text{ cm} \widehat{=} \gamma = \frac{\beta}{T \cdot h_b} = \frac{a}{h_b \cdot h_v \cdot T^2} \text{ m/sek}^2.$$

Hierin sind a, T, h_v und h_b beliebig wählbare Größen. Man erkennt, daß, wenn diese 4 Größen gewählt sind, die Geschwindigkeits- und Beschleunigungsmaßstäbe bestimmt sind. Näheres über die Bedeutung von h_v und h_b weiter unten. Ein Beispiel (Bild 7, Bewegungsvorgang eines Kreuzschleifengetriebes) mag den Zusammenhang näher klären. Dieser Darstellung sind folgende Maßstäbe zugrunde gelegt, und zwar wurden $h_v = h_b = 0,16$ gewählt.

Wegmaßstab 1 cm .... $\widehat{=}\ \alpha = 0,02$ m

Zeitmaßstab 1 cm .... $\widehat{=}\ T = 0,1$ sek

$$\text{Geschwindigkeitsmaßstab}\quad 1\,\text{cm} \mathrel{\widehat{=}} \beta = \frac{0,02}{0,1 \cdot 0,16} = 1,25\ \text{m/sek}$$

$$\text{Beschleunigungsmaßstab}\quad 1\,\text{cm} \mathrel{\widehat{=}} \gamma = \frac{1,25}{0,1 \cdot 0,16} = 78\ \text{m/sek}^2 .$$

Liest man in der Zeichnung z. B. eine Höchstgeschwindigkeit von 2,5 cm ab, so bedeutet das $v_{\max} = 1,25 \cdot 2,5 = 3,125$ m/sek. Bei jeder zeichnerischen Darstellung mache man sich zuerst die Größe der Maßstäbe klar und trage sie in die Zeichnung ein, damit keine Verwechslungen entstehen können.

Graphische Ermittlung. Ist eine der Funktionen $s = f(t)$, $v = f_v(t)$, $p = f_p(t)$ gegeben oder durch ein beliebiges Verfahren ermittelt, so können die entsprechenden Wege, Geschwindigkeiten, Beschleunigungen durch graphische Differentiation und Integration auf Grund der Gleichungen 1—4 ermittelt werden.

Graphische Differentiation. In Bild 7 sei vorerst nur die Wegkurve s über der Zeit t gegeben. Die Geschwindigkeit v des Punktes A, der den Weg A_0A zurückgelegt hat, finden wir aus der Beziehung $v = \operatorname{tg} \alpha$. Wir konstruieren ein Poldreieck über $OO' = h_v$[1] und ziehen OA' parallel zur Tangente in A. $O'A'$ ist dann die graphisch ermittelte Geschwindigkeit v des Punktes A. Auf diese Weise lassen sich für alle Punkte der Wegkurve A die zugehörigen Geschwindigkeiten ermitteln, und man trägt die Geschwindigkeitskurve v über der Zeit t ein. Die Beschleunigung p

[1] Bei der graphischen Differentiation bzw. Integration ist h_v bzw. h_b im Zeitmaßstab abzutragen.

des Punktes A finden wir durch ein gleiches Verfahren, indem wir die Tangenten an den Punkt A'' der Geschwindigkeitskurve anlegen und in einem beliebigen Poldreieck über $OO' = h_b$ eine Parallele zur Kurventangente ziehen; die Strecke $O'A''$ ist dann die gesuchte Beschleunigung $p = \operatorname{tg} \beta$ des Punktes A. Durch Ziehen mehrerer Tangenten an v ermittelt man so Einzelwerte der Beschleunigungskurve.

Die Beschleunigung p läßt sich ebenfalls graphisch nach dem Subnormalenverfahren (s. S. 13) bei gegebener sv-Kurve ermitteln. Der Beschleunigungsmaßstab ist hier $1\text{ cm} \mathrel{\widehat{=}} \frac{\beta^2}{\alpha}\text{ m/sek}^2$. Die graphische Ermittlung von Geschwindigkeiten und Beschleunigungen setzt eine genaue Konstruktion der Kurventangenten voraus (hierfür empfiehlt sich die Anwendung eines kleines Spiegels, den man in Richtung der Kurvennormalen so lange dreht, bis das sichtbare Kurvenstück mit seinem Spiegelbild zusammenfällt). *Wegen der Ungenauigkeiten der Tangentenkonstruktion ist eine zweimalige graphische Differentiation nicht zu empfehlen;* dies ist auch im allgemeinen nicht notwendig, da entweder das Bewegungsgesetz als Funktion gegeben ist oder durch ein Getriebe verkörpert wird, dessen Geschwindigkeiten und Beschleunigungen vektoriell ermittelt werden können (siehe weiter unten).

Durch *graphische Integration* kann bei gegebener Geschwindigkeitskurve die Wegkurve und bei gegebener Beschleunigungskurve die Geschwindigkeitskurve ermittelt werden. Man wendet das Tangentenverfahren nach Bild 7 umgekehrt an (Bild 8). Die einzelnen Ordinaten der v-Kurve werden auf die Achse in O' übertragen und die Endpunkte mit dem Pol O verbunden. Um einen stetigen Verlauf der s-Kurve zu sichern, sind zwischen die Ordinaten O bis 6 Hilfsordinaten a bis f so zu legen, daß die oberen und unteren schraffierten Flächen jedes Feldes gleich groß werden. Zu den Polstrahlen durch O sind nun Parallelen zu ziehen. Die erste entspricht dem Polstrahl O

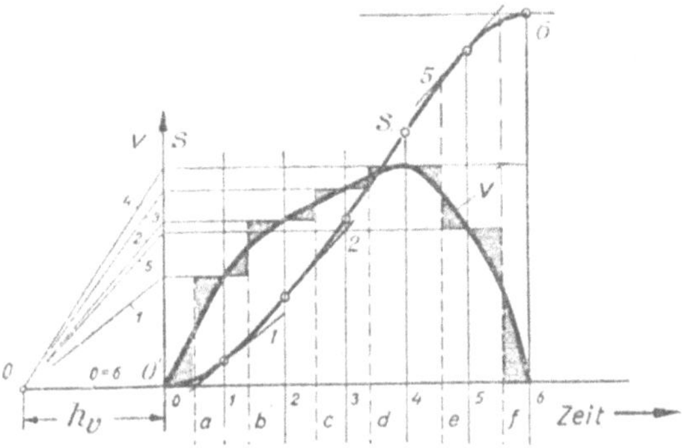

Bild 8. Graphische Integration einer Zeit-Wegkurve aus einer gegebenen Zeit-Geschwindigkeitskurve.

und geht durch O, die zweite ist parallel zu Polstrahl 1 und schneidet O in a, die dritte ist parallel zu Polstrahl 1 und schneidet die zweite Parallele auf Ordinate b usw. Der so entstandene Linienzug umhüllt die Wegkurve bzw. bei gegebener Beschleunigung die Geschwindigkeitskurve.

Ein anderes Verfahren ist, die Fläche unter der Geschwindigkeitskurve zu integrieren. Man teilt die Fläche in eine Anzahl paralleler Streifen und mißt diese aus.

1.2 Zusammensetzung geradliniger Bewegungen

Wege. Führt ein Punkt gleichzeitig zwei Bewegungen aus, z. B. ein Segelboot, das stromabwärts fährt und gleichzeitig vom Wind getrieben wird, so ergibt sich der tatsächlich zurückgelegte Weg durch Aneinandersetzen der in jeder der beiden Weg-

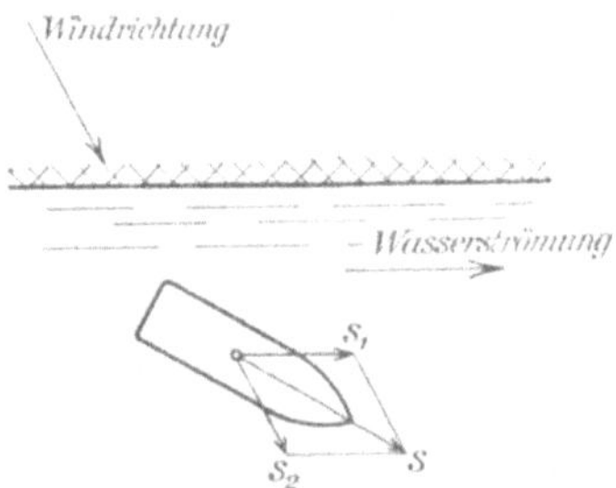

Bild 9. Parallelogramm der Wege am Beispiel eines Segelbootes, ausgesetzt der Wasserströmung und dem Windtriebe.

richtungen s_1 und s_2 zurückgelegten Wege unter Berücksichtigung der richtigen Wegrichtungen (Bild 9).

Man nennt das entstehende Bild das *Parallelogramm der Bewegungen* (Bild 10a) und erkennt, daß es gleich ist, ob man zum Punkte A_2 auf dem Weg AA_1A_2 (Bild 10b) oder AA'_1A_2 (Bild 10c) gelangt. Ist der Winkel zwischen s_1 und s_2 bekannt, so kann man s aus s_1 und s_2 nach dem

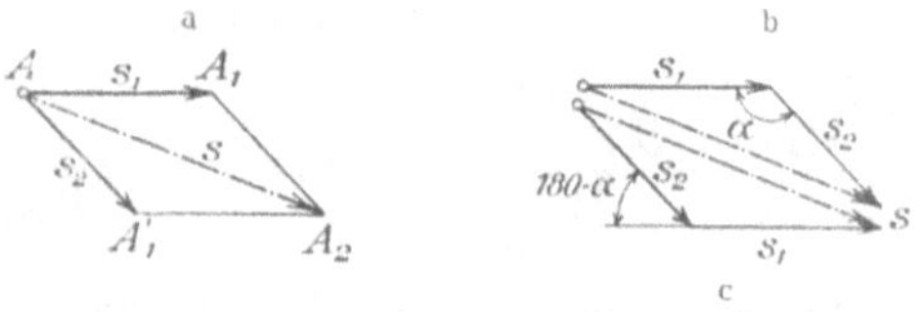

Bild 10 a—c. Zusammensetzung von Wegen.

Cosinussatz der Trigonometrie berechnen:

$$s = \sqrt{s_1^2 + s_2^2 + 2\, s_1\, s_2 \cos\alpha}\,. \tag{5}$$

Da man aber in der Bewegungslehre (und auch in anderen Zweigen der Mechanik) mit *zeichnerisch gegebenen* Größen zu tun hat, wendet man das Verfahren der geometrischen Addition (oder Subtraktion) an und schreibt an Stelle Gleichung (5)[1])

$$s = s_1 \mathrel{+\!\!\rightarrow} s_2\,, \tag{5a}$$

wobei das Zeichen $+\!\!\rightarrow$ die Summe von einer gewöhnlichen algebraischen Summe unterscheidet. Die geometrische Summe $s_1 +\!\!\rightarrow s_2$ wird zur algebraischen Summe, wenn die Wege s_1 und s_2 gleiche Richtung haben, wenn also $\alpha = 180°$. Da es gleich ist, auf welchem Wege man zu A_2 gelangt, ist auch bei der geometrischen Addition die Reihenfolge der Summanden gleich, also $s = s_2 +\!\!\rightarrow s_1$.

Umgekehrt kann man auch jede Bewegung in Komponenten zerlegen, z. B. nach Koordinatenachsen. So er-

1) Von der eigentlichen Vektorrechnung soll in diesem Bändchen kein Gebrauch gemacht werden. Die Schreibweise $\rightarrow$ und $+\!\!\rightarrow$ ist von M. Tolle in Regelung der Kraftmaschinen zuerst 1905 eingeführt worden.

halten wir z. B. $s_2 = s \rightarrow s_1$, hierbei kennzeichnet das Zeichen $\rightarrow$ die geometrische Subtraktion.

Das Verhältnis $v_m = \frac{s}{t}$ wird *mittlere Geschwindigkeit* der zusammengesetzten Bewegung genannt. Nur wenn beide Bewegungen in Richtung s_1 und s_2 gleichförmige Bewegungen sind, stimmt v_m mit der tatsächlichen Geschwindigkeit überein.

Geschwindigkeiten. Das oben erläuterte Verfahren der Zusammensetzung geradliniger Wege gilt auch, wenn das Zeitelement dt, in dem wir die Bewegung betrachten, unendlich klein wird. In diesem Zeitelement können wir die Geschwindigkeiten der Einzelbewegungen als gleichförmig ansehen und erhalten dann (Bild 11) die Geschwindigkeit v des Punktes A

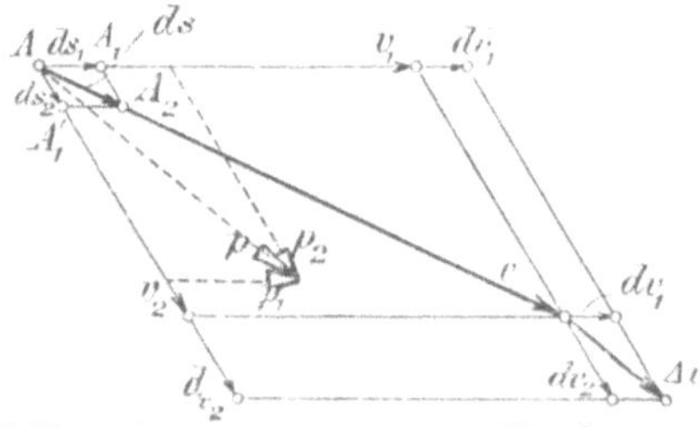

Bild 11. Zusammensetzung von Wegelementen und Geschwindigkeiten.

$$v = \frac{ds}{dt} = \frac{ds_1 \mathrel{+\!\!\rightarrow} ds_2}{dt} = v_1 \mathrel{+\!\!\rightarrow} v_2 .$$

v_1 und v_2 sind die in Richtung der Wege s_1 und s_2 fallenden Geschwindigkeiten. Wir können also die tatsächliche Geschwindigkeit einer zusammengesetzten Bewegung durch geometrische Addition der Geschwindigkeiten der Einzelbewegung finden.

B e i s p i e l : Umfangsgeschwindigkeit am rollenden Rade (Bild 12). Ein Rad vom Halbmesser r rolle auf der ebenen Fahrbahn mit der Geschwindigkeit v ab. Dann hat der Berührungspunkt P augenblicklich die Geschwindigkeit 0 (Momentanpol der Bewegung siehe S. 31). Der Mittelpunkt des Rades hat die Geschwindigkeit v. Ein Punkt C am Anfang hat die horizontale Geschwindigkeit des Mittelpunktes und weiter eine

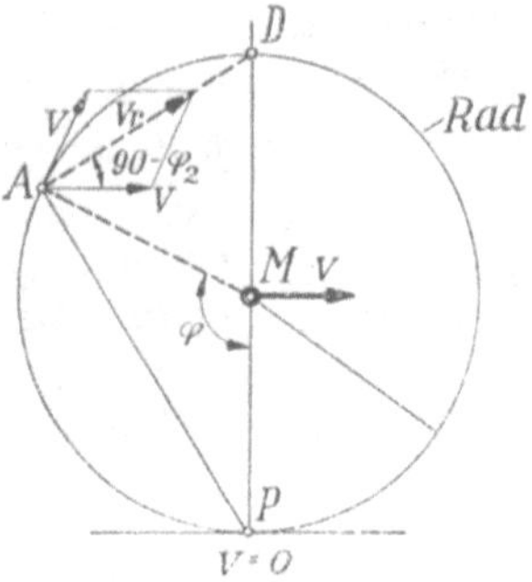

Bild 12. Geschwindigkeiten am rollenden Rade.

Umfangsgeschwindigkeit v tangential zum Kreis. Die beiden Geschwindigkeiten werden nach einem Parallelogramm zusammengesetzt. Ist φ der Drehwinkel, so schließen die Vektoren ebenfalls den Winkel φ ein, und wegen des gleichschenkligen Dreiecks $v_r = 2\,v \cdot \sin \varphi/2$.

Die Geschwindigkeit hat ihren Höchstwert in Punkt D für $\varphi = 180°$. Die Richtung der resultierenden Geschwindigkeit geht stets durch D, da $\sphericalangle PAD = 90°$ wiederum wegen der Gleichschenkligkeit der Dreiecke.

Beschleunigungen. Beobachten wir die zusammengesetzte Bewegung in den zwei um dt zeitlich verschiedenen Punkten A und A_2, so erhalten wir folgende Geschwindigkeiten: Für

$$A\colon \quad v = v_1 \mathbin{+\!\!\to} v_2$$
$$A_2\colon \quad v' = v + \Delta v = (v_1 + \mathrm{d}v_1) \mathbin{+\!\!\to} (v_2 + \mathrm{d}v_2)$$
$$\Delta v = \mathrm{d}v_1 \mathbin{+\!\!\to} \mathrm{d}v_2$$

ist der geometrische Zuwachs der Geschwindigkeit oder die sogenannte Elementarbeschleungung der zusammengesetzten Bewegung. Die Beschleunigung selbst schreiben wir

$$p = \frac{\Delta v}{\mathrm{d}t} = \frac{\mathrm{d}v_1 \mathbin{+\!\!\to} \mathrm{d}v_2}{\mathrm{d}t} = \frac{\mathrm{d}v_1}{\mathrm{d}t} \mathbin{+\!\!\to} \frac{\mathrm{d}v_2}{\mathrm{d}t} = p_1 \mathbin{+\!\!\to} p_2\,.$$

Aus Bild 11 erkennen wir noch, daß die Richtung der tatsächlichen Geschwindigkeit mit der Wegrichtung, die Richtung der Beschleunigung p jedoch im allgemeinen hiermit nicht zusammenfällt.

Wir finden hierdurch den Nachweis, daß sich sowohl Wege, Geschwindigkeiten und Beschleunigungen geometrisch addieren und subtrahieren lassen.

Die Beziehung zwischen den drei Bewegungen faßt man häufig unter der Bezeichnung *Relativbewegungen* zusammen. So stellt man sich vor, der Punkt A bewege sich auf einer Ebene E_1, auf der er die Bewegung s_1, die sogenannte Relativbewegung, ausführt; die Ebene E_1 selbst führt gegen die ruhende Ebene E_0 ebenfalls eine Bewegung mit dem Weg s_2 aus[1]). Der Weg s, der sich aus den Wegen s_1 und s_2 geometrisch zusammensetzt, wird als *Absolutbewegung* bezeichnet, es ist dies die Bewegung des Punktes A gegenüber der ruhenden Ebene E_0.

1.3 Krummlinige Bewegungen eines Punktes

Die Begriffe und Sätze, die für die geradlinige Bewegung aufgestellt wurden, lassen sich zum größten Teil auch auf beliebige krummlinige Bewegungen übertragen.

Das Bahnelement $\mathrm{d}s$ ist zugleich als Element der Bahntangente AT aufzufassen; da die Geschwindigkeit des Punktes A bestimmt ist mit $v = \frac{\mathrm{d}s}{\mathrm{d}t}$ als eine unendlich kleine geradlinige Bewegung, kann man annehmen, daß ihre Richtung mit der der Tangente im Punkte A übereinstimmt. Die Tangenten zweier benachbarter Punkte unterscheiden sich nicht nur der Größe, sondern auch der Richtung nach, so daß für die Beschleunigung der krummlinigen Bewegung andere Beziehungen als nach Seite 22 gelten.

Wir denken uns zur Lage A des bewegten Punktes (Bild 13) die Nachbarlage A' ermittelt, in die A nach Zurücklegen des Weges $\mathrm{d}s$ in der Zeit $\mathrm{d}t$ gelangt. Die Geschwindigkeit in A sei v, die in A' sei v'. Da die Geschwindigkeiten v und v' in die Richtung der Bahntangenten fallen, schließen sie auch miteinander den gleichen Winkel $\mathrm{d}\varphi$ ein. Wir zeichnen das Parallelogramm

---

1) Diese Bewegung wird System- oder auch Führungsbewegung genannt. Neuerdings wurde die Bezeichnung „Übertragungsbewegung" vorgeschlagen, siehe auch Seite 63 u. f.

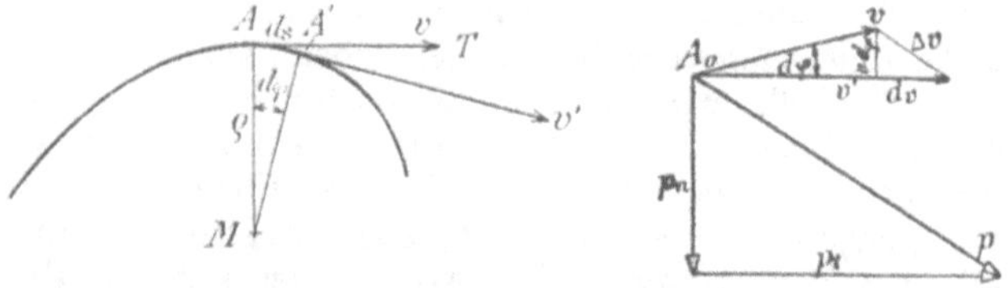

a b

Bild 13 a u. b. Geschwindigkeiten und Beschleunigungen bei krummliniger Bewegung.

der Geschwindigkeiten (Bild 13b) und stellen fest, daß wir, um von Geschwindigkeit v zu v' zu gelangen, die *Elementarbeschleunigung* Δv aufzuwenden haben. Diese Elementarbeschleunigung Δv wird durch eine Beschleunigung p hervorgerufen, die auf den Punkt A in gleicher Richtung einwirkt: $p = \frac{\Delta v}{\mathrm{d}t}$. An Stelle von Δv werden vielfach zwei Komponenten eingeführt (s. Bild 13b), von denen die eine $\mathrm{d}v$ in Richtung der Geschwindigkeit v' (also in Tangentenrichtung) und die andere $v \cdot \mathrm{d}\varphi$ in dazu senkrechter Richtung (also in Normalenrichtung) liegt, also $\Delta v = \mathrm{d}v +\!\!\rightarrow v \cdot \mathrm{d}\varphi$.

Die Beschleunigung ist dann

$$p = \frac{\Delta v}{\mathrm{d}t} = \frac{\mathrm{d}v +\!\!\rightarrow v \cdot \mathrm{d}\varphi}{\mathrm{d}t} = \frac{\mathrm{d}v}{\mathrm{d}t} +\!\!\rightarrow \frac{v \cdot \mathrm{d}\varphi}{\mathrm{d}t} = p_t +\!\!\rightarrow p_n,$$

d. h. die Gesamtbeschleunigung läßt sich geometrisch aus zwei Einzelbeschleunigungen zusammensetzen.

Die Komponente: $$p_t = \frac{\mathrm{d}v}{\mathrm{d}t} \qquad (6)$$

fällt in die Tangentenrichtung und wird *Tangentialbeschleunigung* genannt. Diese Komponente verursacht lediglich eine Größenänderung der Geschwindigkeit v. (Ist v = konstant, so ist $p_t = O$.) Die andere Komponente:

$$p_n = v \cdot \frac{\mathrm{d}\varphi}{\mathrm{d}t} \qquad (7)$$

fällt in die Richtung $v \cdot \mathrm{d}\varphi$, die Normalrichtung, und heißt daher *Normalbeschleunigung*. Sie verursacht lediglich eine Richtungsänderung der Geschwindigkeit (p_n wird O in Wendepunkten der Bahn und bei geradliniger Bewegung). Kennt man den Krümmungshalbmesser der jeweiligen Bahnpunkte A *und* A', nämlich $AM = A'M = \varrho$, so erhält man mit $ds = \varrho \cdot d\varphi$

$$p_n = \frac{v\,d\varphi}{dt} = \frac{v\,ds}{\varrho\,dt} = \frac{v^2}{\varrho}. \tag{7a}$$

Die Normalbeschleunigung ist also proportional dem Quadrat der Geschwindigkeiten und umgekehrt proportional dem jeweiligen Krümmungshalbmesser. Aus dieser Beziehung ergeben sich auch einfache *zeichnerische Kon-*

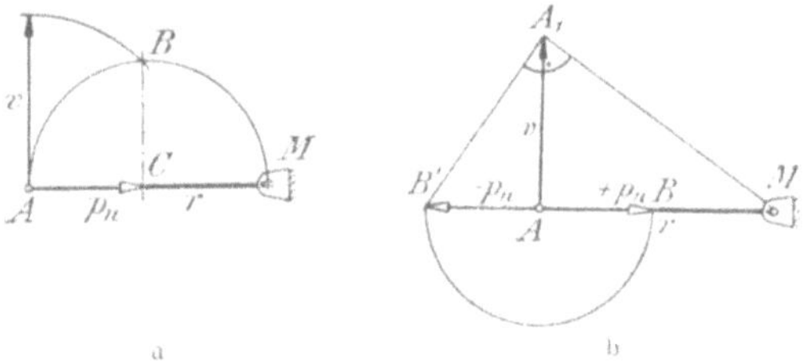

Bild 14 a u. b. Graphische Verfahren zur Ermittlung der Normalbeschleunigung.

struktionen von p_n, wenn v und $\varrho = r$ gegeben sind, die bei der Untersuchung von Getrieben häufig angewandt werden. Man schlägt über $AM = r$ (Bild 14a) den Halbkreis und bringt ihn mit dem Kreis um A mit v zum Schnitt (Punkt B). Man lotet B auf AM; $AC = p_n$ (Kathetensatz). Das Lot BC ist gleichzeitig ein geometrischer Ort für den Endpunkt von p. Ist $v \geqq r$, so versagt diese Konstruktion. Man wählt dann die nach Bild 14b. Man verbindet M mit dem Endpunkt von $v\,A_1$ und errichtet hierauf das Lot, das die Verlängerung AM in B' schneidet. AB' ist der Größe nach p_n; um die richtige Lage von p_n zu erhalten, muß dieses erst noch um 180° nach Endpunkt B gedreht werden (Konstruktion nach dem Höhensatz). Im allgemeinen ist die Konstruktion nach

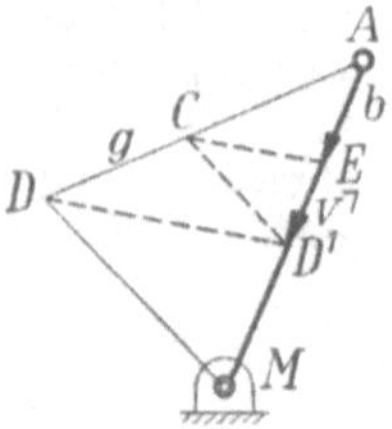

Bild 15. Geometrische Konstruktion der Beschleunigung nach M. Grübler.

Bild 14a vorzuziehen, da sie p_n in richtiger Lage und gleichzeitig einen geometrischen Ort für den Endpunkt von p ergibt.

Eine andere geometrische Lösung für Gleichung (7a) nach M. Grübler kann ohne Zirkel ausgeführt werden. Sie ist besonders geeignet für gedrehte Geschwindigkeiten, die nicht gleich der Kurbellänge sind. In Bild 15 ziehe man eine beliebige Gerade durch A und wähle einen beliebigen Endpunkt D, der mit M verbunden wird. Ziehe eine Parallele zu MD durch D', den Endpunkt von v und eine weitere Parallele durch C zu DD', dann ist $AE = b = p_n$ (Proportionalität $\frac{b}{v} = \frac{v}{a}$ mit $a = AM\big)$.

2. Ebene Bewegung zweier Ebenen

2.1 Schiebung und Drehung

Zur Untersuchung des Bewegungszustandes ebener Getriebe genügt nur in Einzelfällen die Kenntnis der Bewegung eines Punktes; im allgemeinen muß man die Bewegung einer Ebene kennen. Die Bewegung einer Ebene ist bestimmt, wenn man die Bewegung zweier ihrer Punkte, die einen festen Abstand voneinander haben, kennt. Ausgehend von der *reinen Schiebung und Drehung* soll die allgemeine Bewegung zweier Ebenen zueinander behandelt werden.

Schiebung. Eine Ebene führt eine Schiebung aus, wenn eine in ihr liegende Gerade CD während der Bewegung ständig einer festen Geraden AB parallel bleibt. Sämtliche Körperpunkte der Ebene beschreiben deckungsgleiche,

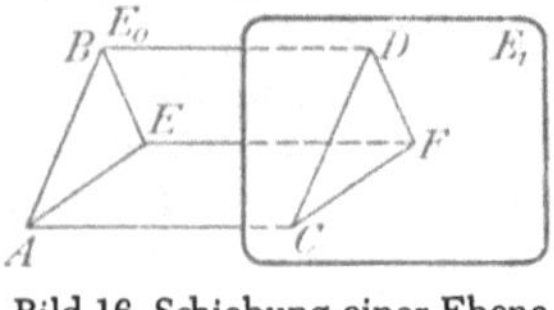

Bild 16. Schiebung einer Ebene.

gleichliegende Bahnkurven (Bild 16). Kennt man daher die Bahn eines einzelnen Punktes, z. B. A, der bewegten Ebene und seine Bewegungsgleichung $s = f(t)$, so ist damit auch die Bewegung jedes anderen Punktes bekannt.

B e i s p i e l : Bewegung des Kreuzkopfes einer Dampfmaschine (Geradschubkurbelgetriebe).

Drehung um einen festen Punkt. Drehung nennen wir die Bewegung einer Ebene, wenn einer ihrer Punkte ständig seine Lage beibehält. Der feste Punkt heißt Drehpunkt oder Drehpol.

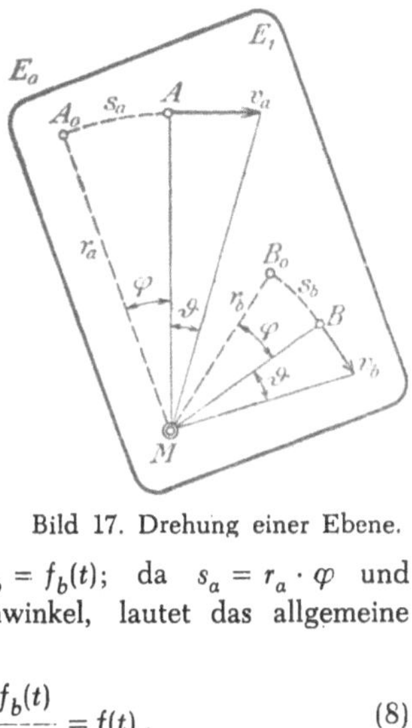

Bild 17. Drehung einer Ebene.

M sei der feste Drehpunkt der Bewegung der Ebene E_1 gegenüber der feststehenden Ebene E_0 (Bild 17). Wir wählen auf Ebene E_0 eine feste Bewegungsgerade MA_0 und bezeichnen von ihr aus die Bewegung des Punktes A: dieser bewegt sich um M auf dem gleichbleibenden Halbmesser r_a. Sein Bewegungsgesetz ist $s_a = f_a(t)$. Die Bewegung eines Punktes B mit Halbmesser r_b lautet $s_b = f_b(t)$; da $s_a = r_a \cdot \varphi$ und $s_b = r_b \cdot \varphi$, wobei φ der Drehwinkel, lautet das allgemeine Bewegungsgesetz

$$\varphi = \frac{f_a(t)}{r_a} = \frac{f_b(t)}{r_b} = f(t)\,. \tag{8}$$

Die Drehung im Sinne des Uhrzeigers bezeichnet man als positiv, die Drehung gegen den Uhrzeiger als negativ. Je nach dem Drehsinn kann also φ positives oder negatives Vorzeichen haben.

Winkelgeschwindigkeit ω der Ebene E_1 zur Zeit t ist das Verhältnis des kleinen Winkelabschnittes $\Delta\varphi$ zu dem entsprechenden Zeitabschnitt Δt. Werden diese Abschnitte unendlich klein, so erhält man

$$\omega = \frac{d\varphi}{dt} = \frac{d}{dt} f(t) = f'(t) . \tag{9}$$

Winkelbeschleunigung der Ebene E_1 zur Zeit t ist das Verhältnis des in dem kleinen Zeitabschnitt Δt erfolgten Zuwachses der Winkelgeschwindigkeiten $\Delta\omega$ zu deren Zeitabschnitt Δt. Werden diese Abschnitte unendlich klein, so erhält man

$$\varepsilon = \frac{d\omega}{dt} = \frac{d^2\varphi}{dt^2} = f''(t) . \tag{10}$$

Man beachte die Übereinstimmung mit den auf Seiten 12 bis 14 erläuterten Begriffen von Geschwindigkeiten und Beschleunigung.

Einheiten. Im Gegensatz zur eigentlichen Geschwindigkeit, die von Weg und Zeit abhängt, ist die Winkelgeschwindigkeit ω ein reines Zeitmaß, ihre Einheit ist $\frac{1}{\text{sek}}$ oder sek^{-1}; graphisch wird sie durch den Winkel $\text{tg}\,\vartheta = \frac{v_a}{r_a}$ (s. Bild 18) dargestellt. Ebenso ist die Winkelbeschleunigung ε ein reines Zeitmaß mit der Einheit $\frac{1}{\text{sek}^2}$ oder sek^{-2}; sie läßt sich ebenfalls graphisch (s. Bild 18) durch den Winkel $\text{tg}\,\eta = \frac{p_t}{r_a}$ darstellen.

Bewegung eines beliebigen Punktes einer sich drehenden Ebene. Alle Punkte der sich um einen festen Punkt drehenden Ebene beschreiben konzentrische Kreise um den Drehpunkt. Aus der Anfangslage A_0 zur Zeit $t = O$ gelangte der bewegte Punkt auf den Halbmesser r zur Zeit t in Lage A (Bild 17). Dann ist der Winkel $A_0MA = \varphi$ der in der Zeit t beschriebene Drehwinkel. Der in dieser Zeit zurückgelegte Weg ist

$$s = r \cdot \varphi . \tag{11}$$

Nach den im Abschnitt 1.1 entwickelten Beziehungen erhalten wir die Geschwindigkeit des Punktes A zur Zeit t

$$v = \frac{\mathrm{d}s}{\mathrm{d}t} = r \cdot \frac{\mathrm{d}\varphi}{\mathrm{d}t} = r \cdot \omega\,, \tag{12}$$

die Tangentialbeschleunigung des Punktes A zur Zeit t

$$p_t = \frac{\mathrm{d}v}{\mathrm{d}t} = r \cdot \frac{\mathrm{d}\omega}{\mathrm{d}t} = r \cdot \frac{\mathrm{d}^2\varphi}{\mathrm{d}t^2} = r \cdot \varepsilon\,, \tag{13}$$

die Normalbeschleunigung des Punktes A zur Zeit t

$$p_n = \frac{v^2}{\varrho} = \frac{(r \cdot \omega)^2}{r} = r \cdot \omega^2 = \frac{v^2}{r}\,, \tag{14}$$

die Gesamtbeschleunigung

$$\begin{aligned} p = p_t + p_n &= \sqrt{p_t^2 + p_n^2} = \\ &= \sqrt{(r \cdot \varepsilon)^2 + (r\,\omega^2)^2} = r\sqrt{\varepsilon^2 + \omega^4}\,. \end{aligned} \tag{15}$$

Die Gesamtbeschleunigung ist gegen den Halbmesser AM um den Winkel α geneigt, wobei

$$\operatorname{tg}\alpha = \frac{p_t}{p_n} = \frac{r \cdot \varepsilon}{r \cdot \omega^2} = \frac{\varepsilon}{\omega^2}\,. \tag{16}$$

Man erkennt, daß bei Drehung einer Ebene um einen festen Punkt Wege, Geschwindigkeiten und Beschleunigungen proportional mit dem Halbmesser wachsen. Der Winkel zwischen Halbmesser und Beschleunigung ist dagegen vom Halbmesser unabhängig.

B e i s p i e l : Ermittlung der Geschwindigkeit und Beschleunigung des Punktes C auf AM (Bild 18). Man verbindet den Endpunkt von v_a mit M und zieht eine Parallele durch C zu v_a, die Verbindungslinie $v_a M$ schneidet hierauf v_c ab. Ferner verbindet man den Endpunkt von p_a mit M und zieht eine Parallele zu p_a durch C, die Verbindungslinie schneidet auch hier p_c ab. Während v_a und v_c $\perp$ zu AM stehen, sind p_a und p_c um den gleichbleibenden Winkel α gegen AM geneigt.

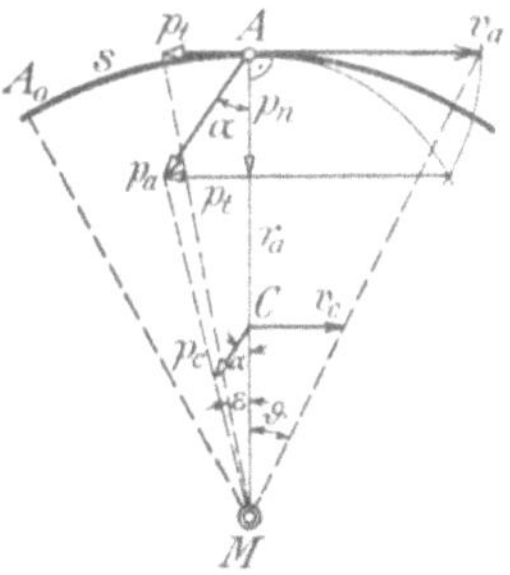

Bild 18. Beschleunigungen einer Ebene, die sich um einen festen Drehpunkt dreht.

Bei *gleichförmiger Bewegung,* also bei konstanter Winkelgeschwindigkeit, wird $\frac{d\omega}{dt} = \varepsilon = 0$; dagegen bleibt die Normalbeschleunigung konstant. Bei dieser Bewegung wird häufig an Stelle der Winkelgeschwindigkeit die Drehzahl oder Zahl der Umdrehungen je Minute (U/min) angegeben.

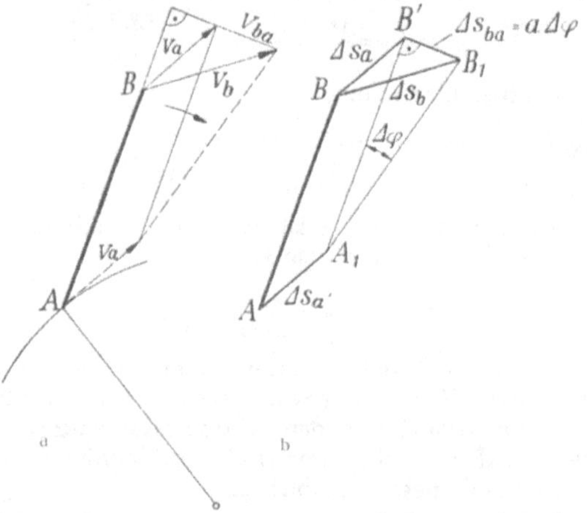

Bild 19a u. b. Zusammensetzen einer Schiebung und Drehung: a) mittels Geschwindigkeitsvektoren, b) mittels Elementarbewegungen.

Winkelgeschwindigkeit $\omega = \frac{2\pi \cdot n}{60} = 0{,}1047 \cdot n \cdot \text{sek}^{-1}$

Drehzahl $n = \frac{30 \cdot \omega}{\pi} = 9{,}549 \cdot \omega \cdot \text{min}^{-1}$

Umlaufzeit $T = \frac{2\pi}{\omega} = \frac{60}{n}$ sek (Zeit für eine Volldrehung).

Allgemeine Bewegung. Durch Zusammensetzen einer Schiebung (s. S. 26) und einer Drehung (s. S. 27) erhält man die allgemeine Bewegung einer Ebene. Das Ende A einer Stange $a = \overline{AB}$ (Bild 19a) führt eine Schiebung mit der Geschwindigkeit v_a aus, während sich die Stange gleichzeitig mit der Winkelgeschwindigkeit ω dreht. Als Elementarbewegung aufgefaßt, gelangt Stange AB durch eine Elementarschiebung Δs_a in die Lage A_1B', durch die zusätzliche Drehung $\Delta\varphi$ wird Punkt B' am Hebelarm a nach B_1 gebracht.

$$\Delta s_b = \Delta s_a \mathrel{+\!\!\to} \Delta s_{ba} = \Delta s_a \mathrel{+\!\!\to} a\,\Delta\varphi$$

umgewandelt in endliche Geschwindigkeiten (Bild 19b)

$$v_b = v_a \mathrel{+\!\!\to} a\,\mathrm{d}\varphi = v_a \mathrel{+\!\!\to} a\,\omega\,.$$

2.2 Momentanpol zweier sich beliebig bewegender Ebenen

Bewegt sich eine Ebene E_1 (Bild 20) gegen eine ruhende Ebene E_0 und haben ihre beiden Punkte A und B die Geschwindigkeiten v_a und v_b (v_a Größe und Richtung beliebig, dann v_b nur nach Richtung beliebig, dagegen Größe bestimmt), so kann man den augenblicklichen Bewegungszustand der Ebene E_1 als Drehung um einen Punkt P auffassen. Diesen Punkt P bestimmt man als Schnittpunkt der in A auf v_a und in B auf v_b errichteten Lote. Verbindet man die Endpunkte von v_a und v_b mit dem Punkt P, so muß dieser Punkt die augenblickliche Geschwindigkeit $= O$ haben; dies ist dann der Fall, wenn $\frac{v_a}{r_a} = \frac{v_b}{r_b} = \omega = \operatorname{tg}\vartheta$ (hieraus dann Bestimmung der Größe von v_b s. weiter unten), wobei ω = *Winkelgeschwindigkeit um den Momentanpol.*

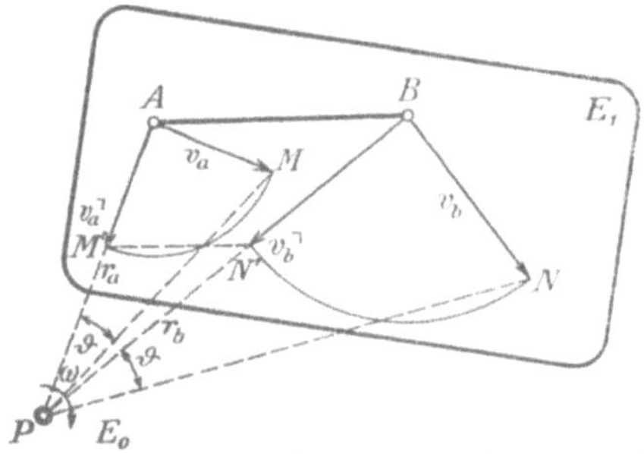

Bild 20. Geschwindigkeiten und Momentanpol einer sich bewegenden Ebene.

Man nennt deshalb den Punkt P *Geschwindigkeitspol, Momentanpol* oder *Momentanzentrum.* Es ist dies der einzige Punkt der Ebene E_1, der im betrachteten Zeitpunkt in Ruhe bleibt, er ist deshalb beiden Ebenen E_0 und E_1 gemeinsam.

Mit Hilfe des Geschwindigkeitspoles läßt sich die Geschwindigkeit jedes beliebigen Punktes der bewegten Ebene ermitteln, wenn die Geschwindigkeit v_a eines Punktes A bekannt ist (Bild 21). Die Geschwindigkeit jedes beliebigen Punktes B, C usw. findet man dadurch,

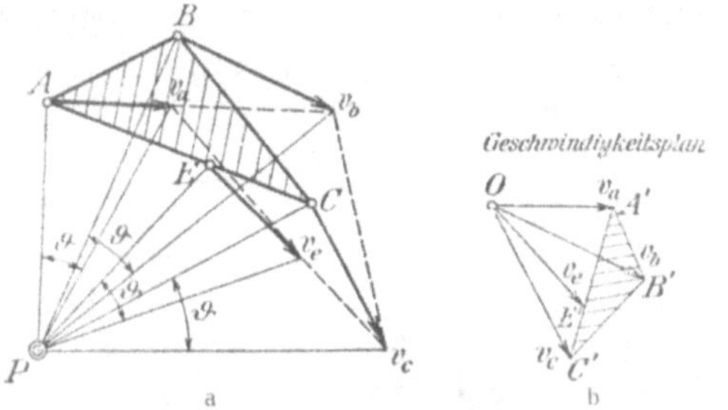

Bild 21 a u. b. Ermittelung der Geschwindigkeiten beliebiger Punkte einer bewegten Ebene mittels Geschwindigkeitsplanes.

daß man den vom Polstrahl AP und der Verbindungslinie v_aP eingeschlossenen Winkel (s. Seite 28) ebenfalls an die Polstrahlen PB bzw. PC anträgt. Diese schneiden auf den Senkrechten zu den Polstrahlen die Geschwindigkeiten v_b bzw. v_c ab. Man erkennt, daß die Endpunkte der Geschwindigkeiten v_a, v_b, v_c ein dem Dreieck ABC ähnliches Dreieck bilden. Eine weitere geometrische Beziehung zwischen den Geschwindigkeiten erhält man, wenn man den sog. Geschwindigkeitsplan (Bild 21 b) entwirft. Man trägt von einem beliebigen Punkt O aus die Geschwindigkeiten der Punkte ABC usw. nach Größe und Richtung an. Die Endpunkte $A'B'C'$ bilden wieder ein dem Dreieck ABC ähnliches Dreieck. Diese Beziehungen geben die Möglichkeit, die Geschwindigkeiten beliebiger

Punkte zu ermitteln. In der Bewegungsgeometrie hat es sich eingeführt, mit den um 90° gedrehten Geschwindigkeiten zu arbeiten, da sich hierdurch viele Aufgaben leichter und genauer lösen lassen (s. Seite 39). Sie werden im folgenden mit $v_a^{\urcorner}$ gekennzeichnet; andererseits gibt es verschiedentlich Lehrbücher, die aus Gründen der Anschaulichkeit die Anwendung der wirklichen Geschwindigkeitspfeile vorziehen.

In Abschnitt 1.3 wurde nachgewiesen, daß die Richtung der Geschwindigkeit eines Punktes mit der Bahntangente zusammenfällt. Sind also die Bahnen zweier Punkte A und B gegeben, so kann man ohne Zuhilfenahme der Geschwindigkeiten durch Zeichnen der Bahnnormalen zu einer beliebigen Lage $\overline{A_n B_n}$ den zugehörigen Pol P_n ermitteln (Bild 22). Verändert die Strecke AB ihre Lage, so wird im allgemeinen der Pol P seine Lage ändern. Ermittelt man für verschiedene aufeinanderfolgende Lagen AB den jeweiligen Drehpunkt, so stellt man fest, daß sich die Pole auf einer Kurve oder Linie anordnen. Es entsteht sowohl auf der ruhenden Ebene als auch auf der bewegten Ebene eine Kurve. Die Kurve auf der ruhenden Ebene nennt man *Rastpolbahn R* und diejenige auf der bewegten Ebene *Gangpolbahn G*. In jedem Zeitpunkt haben beide Polkurven den Pol gemeinsam. Durch eine Drehung um einen unendlich kleinen Winkel um diesen gemeinsamen Punkt gelangen jeweils die Nachbarkurven zur Deckung. Das ist nur möglich, wenn die sich im Pol berührenden Polkurven aufeinander abrollen, ohne zu gleiten (man nennt sie deshalb

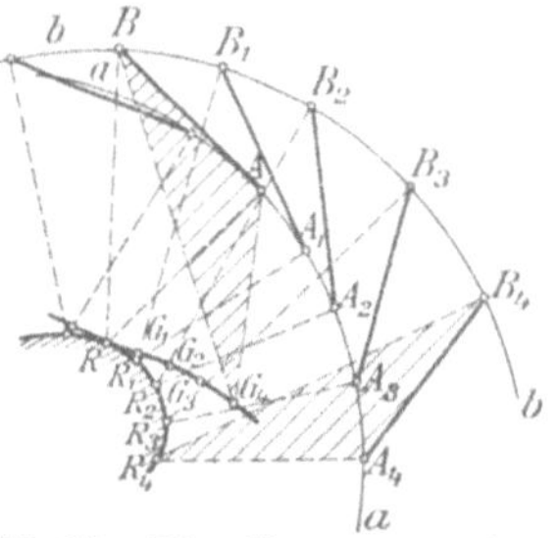

Bild 22. Die Bewegung einer Ebene kann stets durch das Abrollen einer beweglichen Polbahn G auf einer festen Polbahn R dargestellt werden.

auch *Rollkurven*). Die Rastpolbahn R ermittelt man zeichnerisch durch Annahme verschiedener Lagen AB auf den Bahnen a und b. Sehr zweckmäßig ist es, ein durchsichtiges Stück Zeichenpapier als Ebene AB zu benutzen, man erhält dann auf ihr die Gangpolbahn G und kann den Bewegungsverlauf durch Abrollen der Polbahnen aufeinander gut verfolgen. Für eine bestimmte Anfangsstellung läßt sich die Gangpolbahn auch in die Zeichnung der ruhenden Ebene eintragen, indem man die vom Pol und den Kurvennormalen gebildeten Dreiecke auf die Anfangsstellung überträgt; so ist $\Delta\, ABG_4 \cong \Delta\, A_4B_4R_4$.

Da sich jede Bewegung einer Ebene auf einer anderen, wie sie durch ein beliebiges Getriebe erzeugt wird, durch die Bewegung der aufeinander abrollenden Polbahnen ersetzen läßt, bilden die Polbahnen eines der wichtigsten Hilfsmittel zur Konstruktion und Untersuchung von Getrieben.

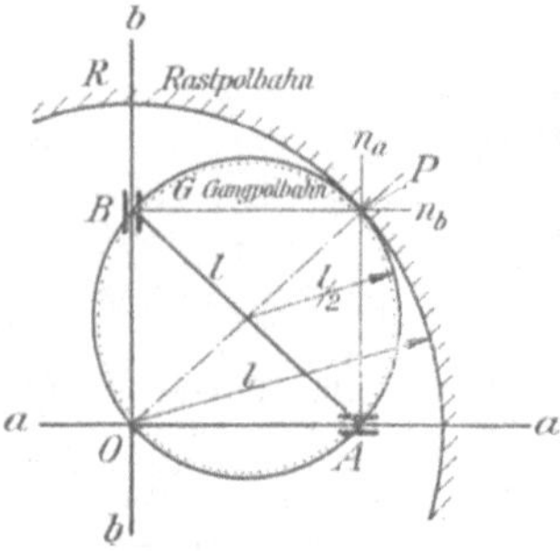

Bild 23. Bewegung einer Stange l an zwei sich kreuzenden Bahnen (Rastpolbahn Kreis von Halbmesser l, Gangpolbahn Kreis von Halbmesser $l/2$).

Beispiele: Punkt A der Stange $AB = l$ (Bild 23) bewegt sich auf der Geraden a, Punkt B auf der Geraden b. Wir finden P als Schnittpunkt der Normalen n_a in A und n_b in B. Man erkennt, daß der Abstand $OP = AB = l$, also konstant ist; P bewegt sich beim Gleiten der Stange AB auf den Geraden a und b auf einem Kreise um O mit Halbmesser l. Die Rastpolbahn ist also ein Kreis. Betrachten wir den mit P zusammenfallenden Punkt der Gangpolbahn, so erkennen wir, daß dieser Punkt stets im Scheitel eines rechtwinkligen Dreiecks APB liegt. Der geometrische Ort ist also ein Halbkreis über $AB = l$ mit $l/2$. Die Bewegung der Stange $AB = l$ auf den Geraden a und b kann also ersetzt werden durch das Rollen eines Kreises vom Halbmesser $l/2$ in einem Kreis vom doppelten Halbmesser l (Kardanproblem).

Diese Bewegung kann durch die verschiedensten getrieblichen Hilfsmittel erreicht werden (siehe Getriebelehre II). Beliebige Punkte in der Stangenebene beschreiben Ellipsen mit Ausnahme des Mittelpunktes, der einen Kreis beschreibt; die Ellipsen der Endpunkte A und B gehen in die Geraden aa und bb über (s. Bild 24).

Dies gilt auch für den Fall, daß der Schnittwinkel der Geraden aa und bb beliebig ist (Bild 24)[1]). Rastpolbahn und Gangpolbahn bleiben Kreise. Während der Mittelpunkt O der Rastpolbahn in O, den Schnittpunkt der Geraden, fällt, liegt M, der Mittelpunkt der Gangpolbahn, nicht mehr auf der Mitte der Stange AB, sondern halbiert den Abstand OP. Zwei verschiedene Ellipsen sind eingezeichnet für Punkte S_1 und S_2 der Stange S.

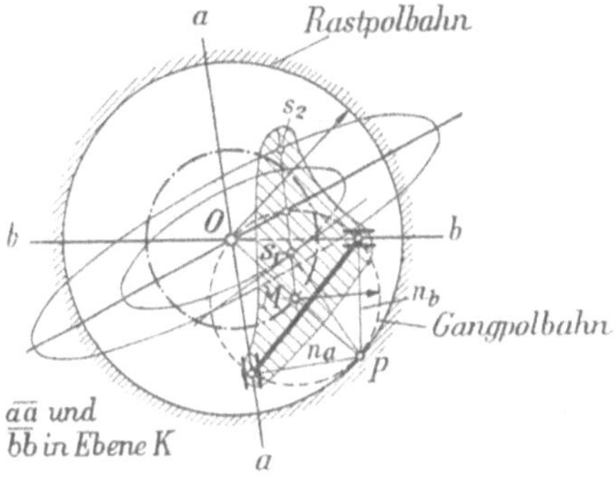

Bild 24. Polbahnen und Punktbahnen für die Bewegung einer Geraden längs zweier geneigter Geraden.

Das umgekehrte Problem ist, daß durch zwei feste Punkte A und B in Ebene S eine Ebene K mit Achsenkreuz aa und bb mit Mittelpunkt O bewegt wird (kinematische Umkehrung). Die Polbahnen der Bewegung bleiben die gleichen, wie in Bild 25 für den stumpfen Winkel $a\,o\,b$ gezeigt ist, nur ist jetzt die Rastpolbahn, verbunden mit Ebene S, ein Kreis vom Halbmesser $l/2$ und die Gangpolbahn, verbunden mit Ebene K, ein Kreis vom Halbmesser l. Andererseits sind die

---

1) Ähnliche Abbildungen wie Bilder 24 und 25 waren in früheren Auflagen der Hütte Bd. I enthalten, z. B. 26. Aufl. S. 271, 1931, sind aber in der 27. Aufl. 1948 entfallen.

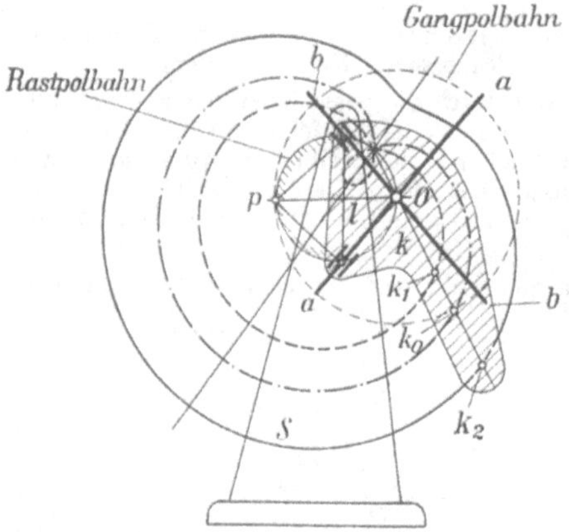

Bild 25. Polbahnen und Punktbahnen für die Bewegung eines schiefwinkligen Achsenkreuzes durch zwei Punkte mit festem Abstand.

Bahnkurven, beschrieben durch Punkte der Ebene K, wesentlich verschieden von denen in Bild 24. Sie sind Pascalsche Kurven; Punkte auf der Gangpolbahn, z. B. K_1, sind Kardioiden mit Rückkehrpunkt (Spitze). Punkte, z. B. K_2, außerhalb der Gangpolbahn beschreiben Punktbahnen mit isoliertem Punkt, Punkte innerhalb der Gangpolbahn, z. B. K_1, solche mit Schleife. Ein im Gestell festgelagerter Punkt beschreibt eine Ellipse auf dem bewegten Achsenkreuz (hiervon wird Gebrauch gemacht beim Ovalwerk von Leonardo da Vinci, siehe Getriebelehre II).

In Bild 26 bewegt sich ein Punkt A einer Stange $AB = l$ auf einer Geraden a, Punkt B auf einem Kreis b (Geradschubkurbelgetriebe). Wir finden P durch Errichten des Lotes in A auf AO und durch Ziehen der Verlängerung OB. Sowohl die Rastpolbahn R als auch die Gangpolbahn G ist keine geschlossene Kurve mehr, die Kurvenzweige gehen ins Unendliche.

Hüllkurven. Nehmen wir die Rastpolbahn R in der ruhenden Ebene E_0 und die Gangpolbahn G in der bewegten Ebene E_1 als gegeben an, ferner sei eine beliebige Kurve k_g in der Ebene E_1 gegeben (Bild 27). Beim Abrollen der beiden Polbahnen aufeinander nimmt die Kurve k_g verschiedene Lagen ein, die sämtlich von einer Kurve k_v der ruhenden Ebene berührt bzw. eingehüllt werden. Man nennt die Kurve k_g *Hüllkurve*, k_r *Hüllbahn;* beide Kurven zusammen heißen ein *Hüllkurvenpaar*. Auch die

Gangpolbahn G hüllt bei Bewegung der Ebene die Rastpolbahn R ein; es bilden deshalb G und R neben ihrer Eigenschaft als Rollkurvenpaar ebenfalls ein Hüllkurvenpaar. Aus der Art der Bewegung ist ersichtlich, daß die beiden Hüllkurvenpaare eine gemeinsame Normale N haben. *Hieraus kann man den Satz ableiten, daß der Pol der Bewegung einer Ebene auf der augenblicklichen Berührungsnormalen des Hüllkurvenpaares liegt.*

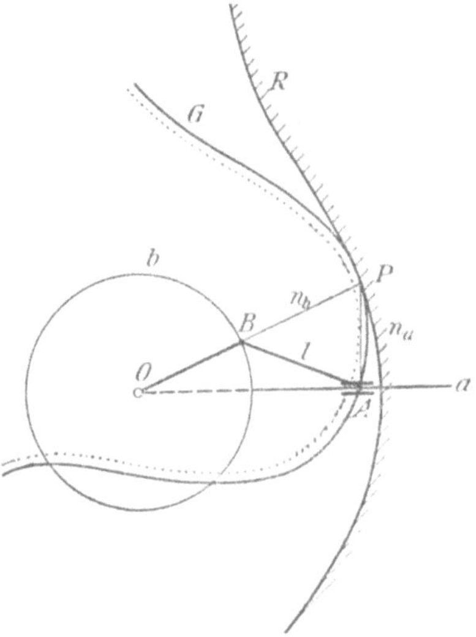

Bild 26. Polbahnen eines Geradschubkurbelgetriebes.

Da der Pol einer Bewegung erst durch den Schnittpunkt zweier Berührungsnormalen bestimmt ist, folgert hieraus, daß der Pol erst durch zwei Hüllkurvenpaare k_1 und k_2 vollständig bestimmt wird (Bild 28), gleichzeitig hiermit bestimmen sich die beiden Polbahnen G und R.

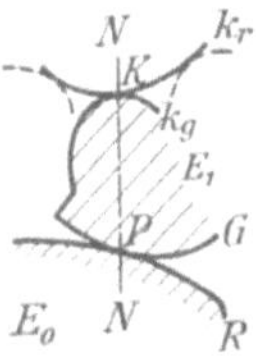

Bild 27. Beziehung zwischen Hüllbahnen u. Polbahnen.

Bild 28. Zwei Hüllkurvenpaare bestimmen ein Polbahnpaar.

Umkehrung der Bewegung erhält man, wenn man die bewegte Polbahn G zur ruhenden und die ruhende zur bewegten macht. Die Lage der Pole und die Form der Polbahnen ändern sich hierdurch nicht (s. Bild 24 und 25). Die umgekehrte Bewegung ist aber von der ursprünglichen im allgemeinen verschieden; jedoch bestehen bestimmte Beziehungen.

Beispiel I: Ein Kreis rollt auf einer Geraden, ein beliebiger Punkt des Kreises beschreibt Zykloden (s. Bild 37 S. 51); rollt dagegen eine Gerade auf einem Kreis ab, so beschreibt

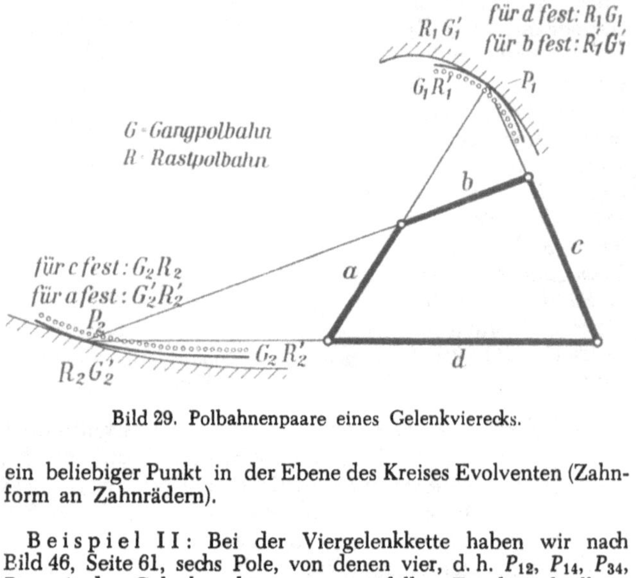

Bild 29. Polbahnenpaare eines Gelenkvierecks.

ein beliebiger Punkt in der Ebene des Kreises Evolventen (Zahnform an Zahnrädern).

Beispiel II: Bei der Viergelenkkette haben wir nach Bild 46, Seite 61, sechs Pole, von denen vier, d. h. P_{12}, P_{14}, P_{34}, P_{23}, mit den Gelenkpunkten zusammenfallen. Durch Aufstellung der Kette auf einem Glied bleibt in Übereinstimmung mit dem Vorbeschriebenen nur noch ein Polbahnpaar übrig, das die Bewegung kennzeichnet. Beispielsweise (Bild 29) bei Aufstellung auf Glied d oder b ist der Bewegungspol P_1 und bei Aufstellung auf a oder c der Bewegungspol P_2 maßgebend. Bei Aufstellung auf d ist R_1 die Rastpolbahn und bei Aufstellung auf b R_1'; die weiteren Zusammenhänge gehen aus der Abbildung hervor.

B e i s p i e l III : Das gegenläufige Antiparallelkurbelgetriebe (Aufstellung auf einem großen Glied) hat elliptische Polbahnen, das gleichläufige Antiparallelkurbelgetriebe (Aufstellung auf einem kurzen Glied) hat hyperbolische Polbahnen.

Gedrehte Geschwindigkeiten. Die Beziehung, die zwischen den Geschwindigkeiten beliebiger Punkte einer bewegten Ebene besteht (s. Abschnitt 2.2), nämlich

$$\omega = \frac{v_a}{r_a} = \frac{v_b}{r_b},$$

läßt sich bequem zeichnerisch dadurch darstellen, daß man die Geschwindigkeiten um 90° im Uhrzeigersinn dreht, im folgenden bezeichnet $v^{\urcorner}$. Sie fallen dadurch in die Hauptstrahlen des jeweiligen Poles. Ist z. B. der Momentanpol P (Bild 20) sowie die Geschwindigkeit v_a gegeben, so ermittelt man graphisch die Geschwindigkeit eines beliebigen Punktes B der bewegten Ebene, indem man v_a um 90° dreht und durch den so ermittelten Punkt M' eine Parallele zu AB zieht. Die auf BP abgeschnittene Strecke BN' ist die um 90° gedrehte Geschwindigkeit $v_b^{\urcorner}$.

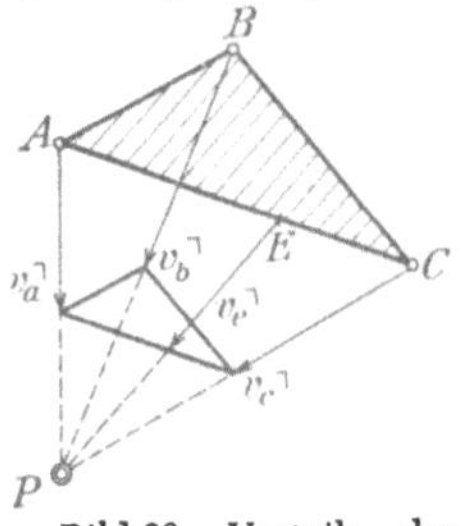

Bild 30. Vorteile der Anwendung gedrehter Geschwindigkeiten für die Ermittlung von Geschwindigkeiten.

Die in Bild 21 gelöste Aufgabe, die Geschwindigkeit eines beliebigen Punktes B, C, E usw. einer bewegten Ebene aufzufinden, wird durch Benutzung der gedrehten Geschwindigkeiten wesentlich vereinfacht (Bild 30). Die Endpunkte $v_a^{\urcorner}$, $v_b^{\urcorner}$ und $v_c^{\urcorner}$ bilden ein dem Dreieck ABC ähnliches Dreieck. Der Endpunkt des Geschwindigkeitsvektors $v_e^{\urcorner}$ eines Punktes E auf der Verbindungslinie AC liegt auf der Verbindungslinie $v_a^{\urcorner}$ und $v_c^{\urcorner}$ in Richtung EP. Man vergleiche, wieviel einfacher diese Konstruktion ist als die nach Bild 21 (Seite 32).

Merksätze: Die augenblickliche Bewegung einer Ebene kann durch eine Elementardrehung um einen Punkt (augenblicklicher Drehpunkt oder Momentanpol, auch Geschwindigkeitspol genannt) ersetzt werden.

Die Punkte der ruhenden Ebene, mit denen der Pol nacheinander zusammenfällt, bilden die ruhende Polbahn (Rastpolbahn R), die Punkte der bewegten Ebene, mit denen der Pol nacheinander zusammenfällt, die bewegliche Polbahn (Gangpolbahn G). Beide Polbahnen berühren sich in jedem Augenblick im Pol und *rollen* aufeinander ab (Rollkurven).

Für jede Bewegung gibt es nur ein Polbahnenpaar. Der Pol ist eindeutig bestimmt als Schnittpunkt der Normalen zu den Bahnen zweier Punkte.

Jede Kurve der bewegten Ebene (Hüllkurve) hüllt eine Kurve der ruhenden Ebene (Hüllbahn) ein. Der Momentanpol liegt dann auf der augenblicklichen Berührungsnormalen. Zwei Hüllkurvenpaare bestimmen Momentanpol, Gang- und Rastpolbahn.

2.3 Beschleunigungspol

Bei der allgemeinen Bewegung einer Ebene gegenüber einer anderen beschreiben im allgemeinen alle Punkte krummlinige Bahnen und haben daher Geschwindigkeiten und Beschleunigungen. Nur der jeweilige Geschwindigkeitspol allein besitzt augenblicklich keine Geschwindigkeit. Da er jedoch dauernd seine Lage wechselt, kann seine Beschleunigung nicht O sein. Gibt es nun in der bewegten Ebene einen Punkt, der keine Beschleunigung besitzt? Ein derartiger Punkt J dürfte weder eine Tangential- noch eine Normalbeschleunigung haben. Nach Seite 24 ist also

$$p_t = \frac{dv}{dt} = O, \qquad p_n = \frac{v^2}{\varrho} = O.$$

Da der Geschwindigkeitspol der einzige Punkt ist, für den $v = O$ wird, muß andererseits der Punkt J, den wir *Beschleunigungspol* nennen wollen, eine endliche Geschwindigkeit v besitzen. Aus der Bedingung $p_t = O$ erkennt man, daß die augenblickliche Geschwindigkeit des Punktes J sogar einen Maximal- oder Minimalwert hat. $p_n = O$ ist nur erfüllt, wenn $\varrho = \infty$ wird, d. h. wenn sich J in einem Wendepunkt seiner Bahn befindet.

Um die *Lage des Beschleunigungspoles* möglichst anschaulich abzuleiten, benutzen wir eine Hilfsvorstellung (Bild 31). Da die Geschwindigkeit v_j des gesuchten Beschleunigungspoles J während eines Zeitelementes gleichbleibt, so ändert sich an den Beschleunigungen (die Beschleunigung wird nur von einer Geschwindigkeitsänderung beeinflußt) der einzelnen Punkte der bewegten Ebene nichts, wenn man allen Punkten eine zusätzliche

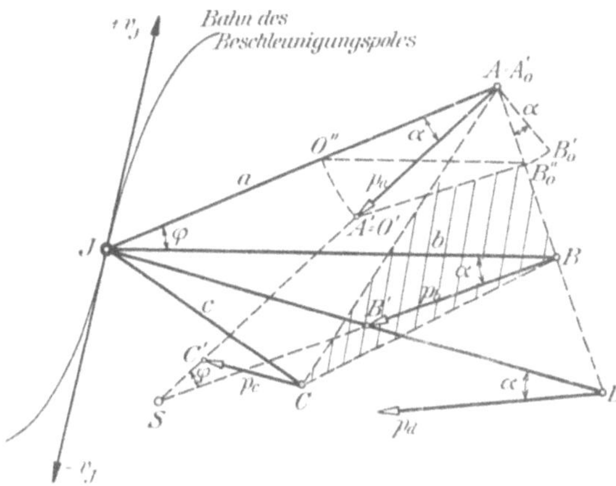

Bild 31 a.

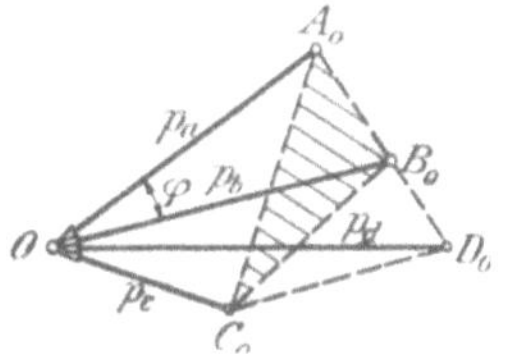

Bild 31 b.

Bild 31 a u. b. Lage des Beschleunigungspoles; Ermittlung der Beschleunigung beliebiger Punkte. Beziehungen zwischen Beschleunigungspfeilen.

Geschwindigkeit erteilt, die gleich der Geschwindigkeit v_j und entgegengesetzt gerichtet ist. Auf diese Weise erhält Punkt J sowohl keine Beschleunigung als auch keine Geschwindigkeit. Wir können ihn als festen Drehpunkt ansehen und die auf Seite 29 abgeleiteten Regeln für die Beschleunigung einer sich um einen festen Punkt drehenden Ebene anwenden.

Sind p_a und p_b die Beschleunigungen zweier Punkte A und B der bewegten Ebene, a und b die Abstände von J (dem angenommenen festen Drehpunkt), so ist nach Seite 29

$$p_a : p_b = a : b$$
$$\sphericalangle JAA' = \sphericalangle JBB' = \alpha .$$

Schneiden sich p_a und p_b in S, so ist, wie sich aus den geometrischen Beziehungen der Dreiecke ergibt,

$$\sphericalangle ASB = \sphericalangle AJB = \varphi .$$

Kennt man die Beschleunigungen p_a und p_b zweier Punkte A und B einer bewegten Ebene nach Größe und Richtung, so findet man den Beschleunigungspol J als Spitze eines Dreiecks mit

a) Basis AB,
b) dem ihr gegenüberliegenden Winkel φ,
c) dem Seitenverhältnis $\overline{AJ} : \overline{JB} = a : b = p_a : p_b$.

Der geometrische Ort J ist der Schnittpunkt eines Kreises, der durch ABS geht, und eines Halbkreises über die beiden Punkte, die AB innen und außen im Verhältnis $p_a : p_b$ teilen (Apollonischer Lehrsatz).

Eine elegantere Lösung, die vom Beschleunigungsplan Gebrauch macht, ist folgende:

Man trägt in einem Nebenbild (Bild 31 b) vom Punkte O aus p_a und p_b nach Richtung und Größe auf. Es entsteht das Dreieck OA_0B_0, das durch die Beziehung $p_a : p_b = a : b$ dem Dreieck JAB ähnlich sein muß. Man konstruiert also über AO' als Grundlinie ein dem Dreieck A_0B_0O kongruentes Dreieck $A_0'B_0'O'$ und dreht dann das Dreieck um den Punkt A_0' um den Winkel α in die Lage $A_0'B_0''O''$. Durch Verlängerung von AO'' und Ziehen einer Parallele $B_0''O''$ durch B erhält man als Schnittpunkt J. Der Punkt O im Beschleunigungsplan entspricht dem Beschleunigungspol J.

Der *Beschleunigungsplan* und der *Beschleunigungspol* erlauben, auch die Beschleunigung jedes beliebigen Punktes C der bewegten Ebene zu ermitteln. Die Beschleunigung p des Punktes C muß wieder unter dem Winkel α zum Fahrstrahl CJ liegen. Im Beschleunigungsplan liegt ein Endpunkt von p_c in O, der andere Endpunkt C_0 entspricht dem wirklichen Punkt C.

Es folgt, daß $\Delta\, C_0OB_0 \approx \Delta\, CJB$
damit ist auch $\Delta\, C_0OA_0 \approx \Delta\, CJA$
$\Delta\, A_0B_0C_0 \approx \Delta\, ABC$.

Kennt man also die Beschleunigung p_a und p_b zweier Punkte A und B der bewegten Ebene und will man die Beschleunigung p_c eines beliebigen anderen Punktes C der Ebene finden, so muß man im Beschleunigungsplan über A_0B_0 das dem Dreieck ABC ähnliche Dreieck $A_0B_0C_0$ errichten und findet dann in $C_0O = p$ nach Größe und Richtung (vgl. den entsprechenden Satz für die Geschwindigkeit eines beliebigen Punktes C einer bewegten Ebene auf Seite 32).

Merksätze: Der Beschleunigungspol hat die Gesamtbeschleunigung = 0, jedoch eine endliche Geschwindigkeit. Jeder Punkt C des bewegten Systems hat eine Gesamtbeschleunigung p_c, die dem Abstande vom Beschleunigungspol proportional ist: $p_c = c\sqrt{\varepsilon^2 + \omega^4}$ und mit dem Fahrstrahl c den Winkel α einschließt; $\operatorname{tg} \alpha = \varepsilon/\omega^2$. Die Endpunkte der Beschleunigungen bilden ein dem System ihrer Punkte ähnliches System. Liegen z. B. die Punkte A, B, D auf einer Geraden, so liegen die Endpunkte der Beschleunigungen p_a, p_b, p_d auf einer Geraden, im Beschleunigungsplan liegen die Endpunkte der Beschleunigungspfeile auf einer Geraden (s. Bild 31 b) jedoch um den Winkel α gedreht.

2.4 Wendekreis und Wechselkreis[1])

(Zusammenhang zwischen Geschwindigkeits- und Beschleunigungspol)

Nachdem die Eigenschaften und die Lage des Beschleunigungspoles bekannt sind, möchte man erfahren, welche Lage und Beziehung er zum Geschwindigkeitspol besitzt.

1) R. Beyer (Schrifttum 18, S. 234) schlägt die Bezeichnung „Gleichenkreis" vor.

Die beiden Polbahnen R und G berühren sich im Pol P (Bild 32), der die augenblickliche Geschwindigkeit $v = 0$ hat. Da die Polbahnen aufeinander abrollen, ohne zu gleiten, besitzt der Pol P nur eine Beschleunigung p_0 senkrecht zu den Polbahnen. Der Beschleunigungspol J muß deshalb zur Beschleunigung p_0, d. h. zur Polbahnnormalen, unter dem Winkel α[1]) liegen. Somit ist bereits die Richtung von J bestimmt. Den Abstand PJ finden wir, indem wir die Beschleunigung p_c (wie

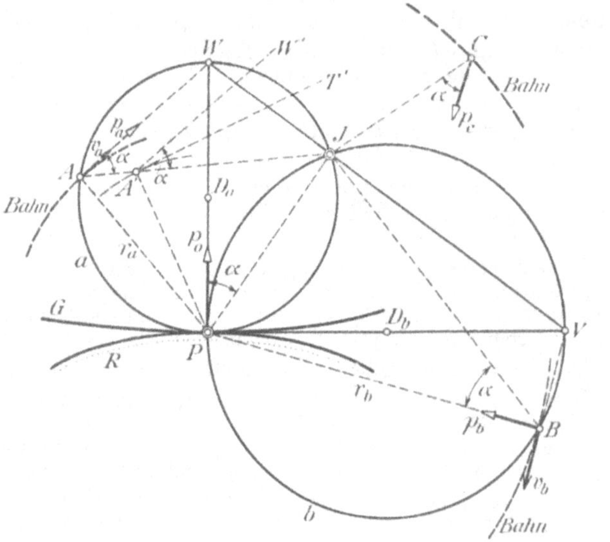

Bild 32. Beziehungen zwischen Bahnpunkt, Momentanpol und Beschleunigungspol werden durch Wende- und Wechselkreis hergestellt.

auf Seite 24 bereits geschehen) in eine Tangential- und eine Normalbeschleunigung zerlegen. Von denjenigen Punkten, die keine Normalbeschleunigung $p_n = 0$ haben, sind uns die Punkte J (der auch keine Tangentialbeschleunigung besitzt) und P bereits bekannt. Bei einem beliebigen Punkt A, der diese Bedingung ebenfalls erfüllt, muß die Tangentialbeschleu-

[1]) $\operatorname{tg} \alpha = \frac{\varepsilon}{\omega^2}$.

nigung p_t in die Richtung der Tangente und des Geschwindigkeitsvektors v_a fallen. v_a steht aber gleichzeitig senkrecht zum Fahrstrahl r_a. Ferner schließt p_t mit dem Fahrstrahl zum Beschleunigungspol J den Winkel α ein. Diese beiden Bedingungen werden nur von einem Kreis erfüllt, der durch P und J geht und dessen Mittelpunkt auf der Polbahnnormalen liegt. Bezeichnen wir den P gegenüberliegenden Punkt des Durchmessers mit W, so erkennen wir, daß jeder Punkt dieses

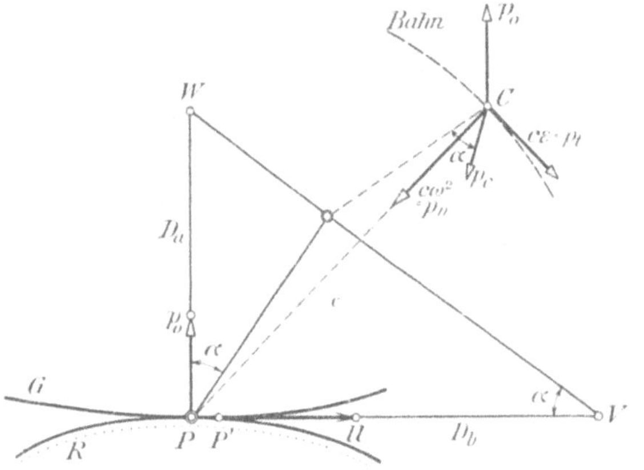

Bild 33 a u. b. Ermittlung der Abmessung und Lage von Wechsel- und Wendekreis.

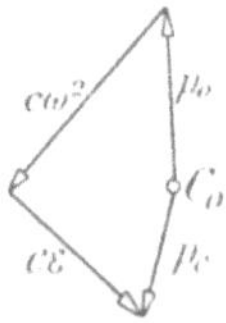

Bild 33 b.

Kreises den Bedingungen genügt, daß die Normalbeschleunigung $p_n = 0$ wird. Sämtliche Fahrstrahlen von P aus stehen senkrecht zur Bahnrichtung, z. B. AP, sämtliche Bahntangenten schneiden sich in W. Ferner haben sämtliche Peripheriewinkel über der Sehne WJ die Größe α; somit schließen die Bahntangenten mit den Strahlen, z. B. AJ, den Winkel α ein. Die Bedingung $p_n = 0$ wird nur dann erfüllt, wenn der jeweilige Krümmungshalbmesser der Bahn $= \infty$ wird (vgl. Seite 40). Das besagt, daß sämtliche Punkte, für die $p_n = 0$

ist, sich auf *Wendepunkten ihrer Bahn befinden.* Man nennt deshalb den Kreis a den *Wendekreis.*

Der geometrische Ort für diejenigen Punkte, die keine Tangentialbeschleunigung $p_t = 0$ besitzen, ist ebenfalls ein Kreis b, und zwar müssen hier die Bahntangenten eines Punktes B durch den in der Polbahntangente liegenden Punkt V gehen, während die Fahrstrahlen von J und P aus den Winkel α einschließen müssen, da nur dann p_n in die Richtung der Bahnnormalen PB fällt. Aus der Beziehung

$$p_t = \frac{\mathrm{d}v}{\mathrm{d}t} = 0$$

folgt, daß die Geschwindigkeiten aller Punkte des Kreises b augenblicklich einen Maximal- oder Minimalwert haben. Da die Tangentialbeschleunigung in diesen Punkten ihr Vorzeichen wechselt, nennt man diesen Kreis den *Wechselkreis*[1]).

Es ist zu erkennen, daß kein Punkt außerhalb oder innerhalb der *Wechsel-* oder *Wendekreise* die an diese gestellten Bedingungen erfüllen, z. B. kann Punkt A' nicht die Bedingungen des Wendekreises erfüllen, da die Bahntangente P' nicht mit dem Schenkel $A'W'$ unter dem Winkel α zu $A'J$ geneigt zusammenfällt. Zur Ermittlung der Durchmesser des Wechsel- und des Wendekreises diene folgende Überlegung (Bild 33):

Der Pol P habe die augenblickliche Winkelgeschwindigkeit ω und die Winkelbeschleunigung ε, während er den Weg $PP' = \mathrm{d}s$ zurücklegt. Auf seiner Bahn besitzt der Pol die sog. *Polgeschwindigkeit*

$$u = \frac{\mathrm{d}s}{\mathrm{d}t} .$$

In Richtung seiner Normalen hat dann der Pol die Geschwindigkeit $\Delta v = \omega \, \mathrm{d}s$; seine Beschleunigung ist dann

$$p_0 = \frac{\Delta v}{\mathrm{d}t} = \omega \cdot \frac{\mathrm{d}s}{\mathrm{d}t} = u \cdot \omega .$$

Ein beliebiger Punkt C mit der Entfernung c vom Pol P hat durch Drehung um den Pol die Normalbeschleunigung

$$p_n = c \cdot \omega^2$$

und die Tangentialbeschleunigung

$$p_t = c \cdot \varepsilon ,$$

---

1) Wendekreis und Wechselkreis werden auch vielfach unter dem Namen B r e s s e ' sche Kreise zusammengefaßt. S. Fußnote S. 43.

dazu kommt die Beschleunigung des Poles p_0 selbst.

Vom Punkte W, der auf dem Wendekreis liegt und von P den Abstand D_a hat, wissen wir, daß er nur die Tangentialbeschleunigung $D_a \cdot \varepsilon$ haben kann, während sich die übrigen Beschleunigungen aufheben, d. h. es muß sein

$$D_a \cdot \omega^2 = u \cdot \omega = p_0 ;$$

daraus ergibt sich der Durchmesser D_a des Wendekreises zu

$$D_a = \frac{u}{\omega} .$$

Die in P an die Polbahnen gelegte Tangente schneidet den Wechselkreis im Punkte V. Da dieser Punkt nur eine Normalbeschleunigung haben kann, muß für ihn sein

$$D_b \cdot \varepsilon = u \cdot \omega = p_0,$$

und wir erhalten den Durchmesser D_b des Wechselkreises

$$D_b = \frac{u \cdot \omega}{\varepsilon} .$$

Hieraus erhalten wir gleichzeitig, da Winkel $PVW = \alpha$, den Wert

$$\operatorname{tg} \alpha = \frac{D_a}{D_b} = \frac{\varepsilon}{\omega^2} ,$$

wie auf Seite 29 bereits ermittelt.

Ein beliebiger Punkt C besitzt die Beschleunigung

$$p_c = p_0 \mathrel{+\!\!\rightarrow} p_n \mathrel{+\!\!\rightarrow} p_t \qquad \text{(Bild 33b)}$$

Merksätze: Alle Punkte der bewegten Ebene, die sich augenblicklich auf Wendepunkten ihrer Bahn befinden, also eine Normalbeschleunigung $p_n = 0$ haben (Bild 37), liegen auf einem Kreis vom Durchmesser D_a, der die Polbahntangente im Pole P berührt. Die Polbahnnormale trifft den Wendekreis im Wendepole W.

Dagegen liegen alle Punkte des bewegten Systems, deren Geschwindigkeiten ein Maximum oder Minimum haben (Tangentialbeschleunigungen $p_t = 0$), auf dem Wechselkreis mit Durchmesser D_b, dessen Mittelpunkt auf der Polbahntangente liegt und der ebenfalls den Pol B und die Polbahnnormale berührt. Wende- und Wechselkreis erlauben die Normal- und Tangentialbeschleunigungen jedes Punktes in der bewegten Ebene auf einfache Weise zeichnerisch zu ermitteln.

2.5 Bestimmung des Krümmungsmittelpunktes einer Bahn nach Hartmann

(Gegeben Pol, v_a und u)

Der Punkt A (Bild 34)) besitzt als Punkt der bewegten Ebene die Geschwindigkeit v_a auf seiner Bahnkurve a, deren augenblicklicher Krümmungshalbmesser $R = AM$ ist. Faßt man die Bewegung von A als eine Drehung um M mit der Winkelgeschwindigkeit ω_a auf, so ist $v_a = R \cdot \omega_a$ und umgekehrt $R = \frac{v_a}{\omega_a}$. Auf AM liegt auch der Momentanpol P, dessen Polwechselgeschwindigkeit u sich in zwei Komponenten $u_a \perp PM$ und $u_m \parallel PM$ zerlegen läßt. Da P während einer Elementarbewegung des Punktes A den Strahl AM nicht verlassen kann, so müssen die Endpunkte von v_a und u_a auf einem von M ausgehenden Strahl liegen. Damit ist eine einfache zeichnerische Konstruktion des Krümmungsmittelpunktes M gegeben. Ferner besteht die Beziehung

$$\frac{R}{PM} = \frac{v_a}{u_a},$$

d. h. die Verbindungslinie der Endpunkte von v_a und u_a geht durch den Krümmungsmittelpunkt M.

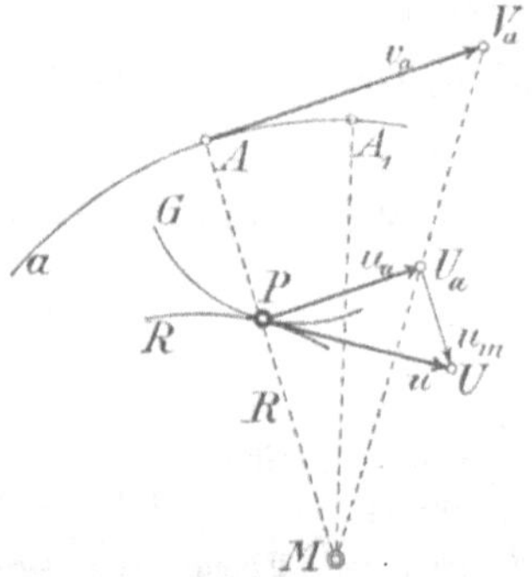

Bild 34. Krümmungsmittelpunkt einer Bahn, Bestimmung nach Hartmann.

Graphische Ermittlung der Polwechselgeschwindigkeit (Bild 35): Sind die Geschwindigkeiten v_a und v_b zweier Punkte A und B einer bewegten Ebene E_1 gegeben, und sind die augenblicklichen Krümmungsmittelpunkte M_a und M_b bekannt, so läßt sich die Wechselgeschwindigkeit des Poles P auf einfache Art ermitteln. Den Momentanpol P findet man als Schnittpunkt der Bahnnormalen AM_a und BM_b. Man zieht durch P die Parallelen zu v_a und v_b bis zu den Schnittpunkten mit den Strahlen durch M_a bzw. M_b; diese schneiden die Komponenten der Polwechselgeschwindigkeit u_a und u_b ab. Durch die Schnittpunkte zieht man Parallelen zu AM_a und BM_b. Diese

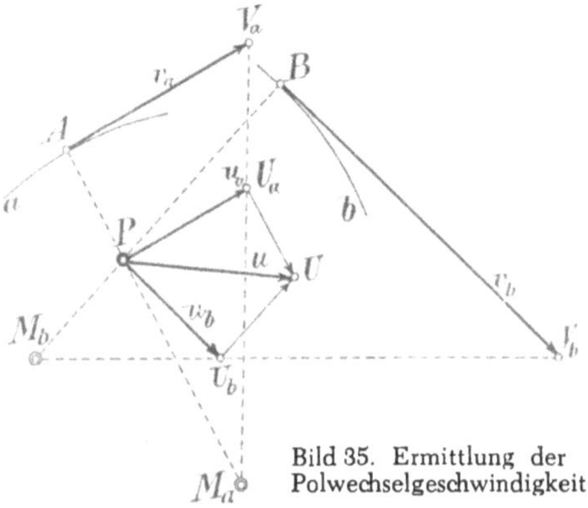

Bild 35. Ermittlung der Polwechselgeschwindigkeit

schneiden sich in U. $PU = u$ ist die Polwechselgeschwindigkeit nach Größe und Richtung. PU ist gleichzeitig die Tangente an die Polkurven R und G, dazu senkrecht steht die Richtungslinie der Polbeschleunigung $p_0 = u \cdot \omega$.

2.6 Zusammenhang zwischen der Krümmung der Bahn und der Krümmung der Polbahnen[1])

Von einem bewegten System sind die Polbahnen G und R, die sich im Punkte P berühren, gegeben. Das Abrollen der Polbahnen aufeinander kann für eine kleine Bewegung durch das Abrollen der beiden Krümmungskreise der Polbahnen Kr und Kg ersetzt werden (Bild 36). Ist die Polwechselgeschwindigkeit u, die in Richtung der Polbahntangente fällt, bekannt, so ergibt sich die Geschwindigkeit v_m des Mittelpunktes M_g des Krümmungshalbmessers der Gangpolbahn zu

$$v_m = R \cdot \operatorname{tg} \vartheta = u \cdot \frac{R + R_0}{R_0} .$$

1) Beispiel zur Ermittlung eines Krümmungshalbmessers (vierpunktig berührend) aus der Polwechselgeschwindiqkeit an einem Kurbelrastgetriebe. Siehe R. Kraus, Schrifttum 30, S. 45. Weiterhin K. H. Sieker: Ermittlung von Gelenkvierecken aus den Krümmungshalbmessern der Polbahnen und deren Änderungen. (Die Technik, Bd. 3, 1948 S. 170 bis 174.)

Die Geschwindigkeit eines Bahnpunktes A mit dem Abstand $AP = \varrho$ ist $v_a = \varrho \cdot \operatorname{tg} \vartheta$. Ferner gilt, wie im Abschnitt 2.5 dargelegt, die Beziehung

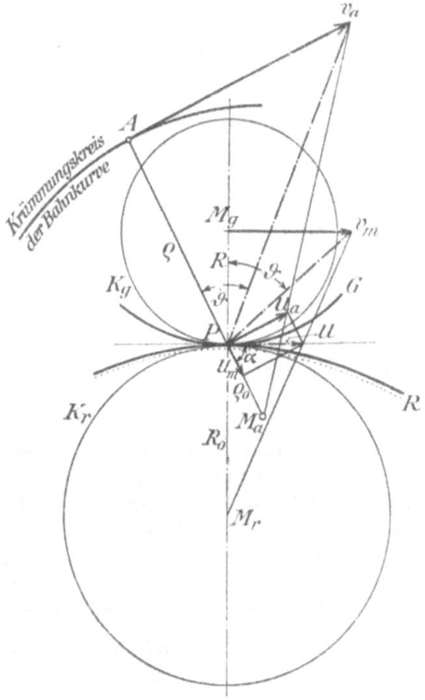

Bild 36. Beziehungen zwischen Bahn- und Polbahn-Krümmung.

$$v_a = u_a \cdot \frac{\varrho + \varrho_0}{\varrho} = \varrho \cdot \operatorname{tg} \vartheta .$$

wobei $\varrho + \varrho_0 = AM_a$ = Krümmungshalbmesser der Bahnkurve. Zwischen u und u_a besteht die Beziehung

$$u_a = u \cdot \sin \alpha .$$

Aus den obigen drei Gleichungen können wir die Geschwindigkeiten eliminieren und erhalten

$$\left(\frac{1}{\varrho_0} + \frac{1}{\varrho}\right) \cdot \sin \alpha = \frac{1}{R_0} + \frac{1}{R}, \tag{19}$$

die sogenannte *Euler-Savarysche Formel.* Sie gestattet, bei gegebenen Rollbahnen die Krümmung der Bahnkurven zu ermitteln. Für diejenigen Punkte der Bahn, für die der Krümmungskreis im Unendlichen liegt, also $\frac{1}{\varrho_0} = 0$, ergibt sich $\varrho = \frac{R \cdot R_0}{R + R_0} \cdot \sin \alpha$; setzt man $D_a = \frac{R \cdot R_0}{R + R_0}$, so wird $\varrho = D_a \cdot \sin \alpha$.

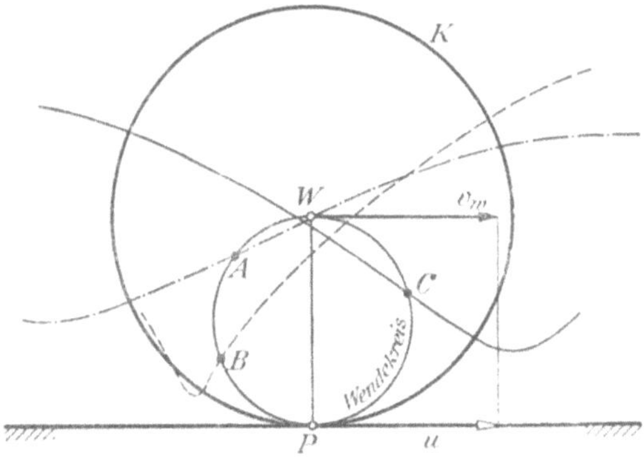

Bild 37. Abrollen eines Rades (siehe auch Bild 32) Wendekreis.

Der geometrische Ort für alle Punkte, die dieser Bedingung genügen, ist ein Kreis mit Halbmesser $\frac{D_a}{2}$, und zwar der in Abschnitt 2.4 ermittelte Wendekreis, der geometrische Ort für alle Bahnpunkte, bei denen die Krümmung wechselt.

B e i s p i e l I : Ein Kreis K mit Halbmesser R rollt auf einer Geraden (rollendes Rad) (Bild 37), Kreis und Gerade bilden gleichzeitig die Polbahnen der Bewegung, die Krümmungskreise sind R und $R_0 = \infty$. Die in der Kreisebene liegenden Punkte A, B, C beschreiben Zykloiden. Der Wendekreis hat den Durchmesser $D_a = R$, es ist also ein Kreis vom halben Durchmesser. Er schneidet, wie man in Bild 37 deutlich erkennt, die Bahnkurven in ihren Wendepunkten. Die Polwechselgeschwindigkeit u ist gleich der Geschwindigkeit des Wendepols W.

Beispiel II: *Wendekreis beim Gelenkviereck.* Die Bahn der Koppelpunkte A und B sind Kreise um die Drehpunkte 1 und 2 (Bild 38). Der Pol der Koppelbewegung findet sich als Schnittpunkt der Verlängerungen $1A$ und $1B$.

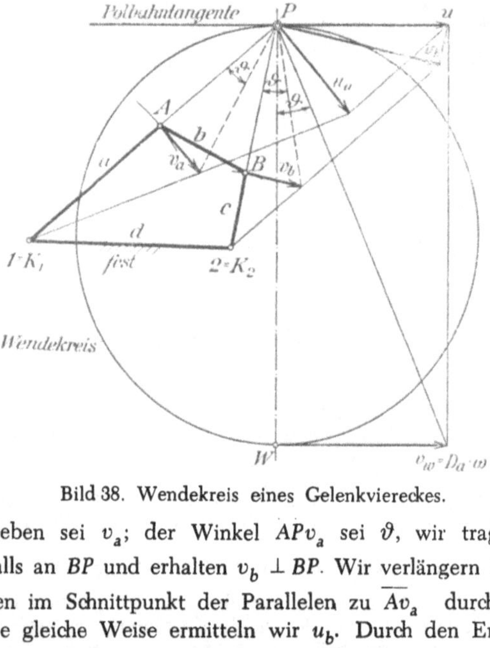

Bild 38. Wendekreis eines Gelenkviereckes.

Gegeben sei v_a; der Winkel APv_a sei ϑ, wir tragen ihn ebenfalls an BP und erhalten $v_b \perp BP$. Wir verlängern $\overline{1v_a}$ und erhalten im Schnittpunkt der Parallelen zu $\overline{Av_a}$ durch P u_a; auf die gleiche Weise ermitteln wir u_b. Durch den Endpunkt von u_a ziehen wir eine Parallele zu $\overline{1P}$, und durch den Endpunkt von u_b ziehen wir eine Parallele zu $\overline{2P}$, diese schneiden sich im Endpunkt von $u = \overline{uP}$. u liegt in Richtung der Polbahntangente, wir errichten in P das Lot auf u und haben so die Polbahnnormale. An diese tragen wir den Winkel ϑ an und ziehen eine Parallele zur Normalen durch den Endpunkt von u, durch den Schnittpunkt ziehen wir eine Parallele zu u und erhalten Punkt W. $\overline{PW} = D_a$, gleich dem Durchmesser des Wendekreises.

3. Ebene Bewegung dreier Ebenen

3.1 Allgemeines

Drei Ebenen E_1, E_2, E_3 bewegen sich nach beliebigem Gesetz gegeneinander. Wenn wir uns als Beobachter auf eine dieser Ebenen stellen und alle Bewegungen mitmachen, so erscheint uns die Ebene, auf der wir gerade stehen, als feststehend, und wir würden nur eine Bewegung der beiden anderen Ebenen beobachten.

Diese Bewegungen werden als *Relativbewegungen* bezeichnet, während die *Absolutbewegung* nur von einer ruhenden vierten Ebene aus zu beobachten wäre.

Wir wollen jedoch hier nur die Relativbewegung untersuchen und denken uns deshalb eine der drei Ebenen als fest. Wir wählen die Ebene E_1 als „feste Ebene“ und denken sie mit der Papierebene zusammenfallend, während die Ebenen E_2 und E_3 bestimmte Bewegungen ausführen können[1]).

Denkt man sich während der Bewegung einen Punkt durch einen plötzlichen Nadelstich auf allen drei Ebenen markiert, so sollen die drei übereinanderliegenden Punkte je nach der Ebene, der sie angehören, die Buchstaben A_1, A_2, A_3 erhalten. Die Geschwindigkeiten dieser Punkte erhalten die Bezeichnungen v_{31}, v_{21} und v_{23}, die Beschleunigungen p_{31}, p_{21}, p_{23}. So bedeutet zum Beispiel v_{31} die Geschwindigkeit, die ein Punkt A_3 der Ebene E_3 gegenüber der Ebene E_1 hat. Umgekehrt würde die Geschwindigkeit des Punktes A_1 (Punkt der Ebene E_1) gegen die Ebene E_3 mit v_{13} zu bezeichnen sein, da dieser Punkt sich

[1]) Es dürfte vorteilhaft sein, die folgenden Darstellungen auf einem festen Zeichenblatt und zwei durchsichtigen Zeichenblättern E_2 und E_3, beispielsweise aus Zellophan, zu übertragen.

dann in entgegengesetzter Richtung bewegt

$$v_{31} = -v_{13}.$$

3.2 Zwei Schiebungen gegen die feste Ebene

Wir nehmen an, daß sowohl die Ebene E_2 als auch die Ebene E_3 gegen die feste Ebene E_1 eine Schiebung in beliebiger Richtung ausführt (Bild 39).

Die Ebene E_3 führt eine Schiebung mit der Geschwindigkeit v_{32} gegen E_2, und E_2 führt eine Schiebung mit der

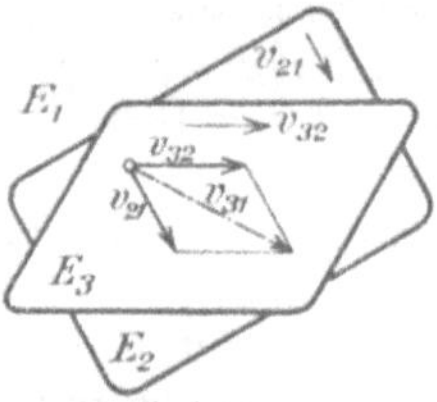

Bild 39. Schiebungen zweier Ebenen.

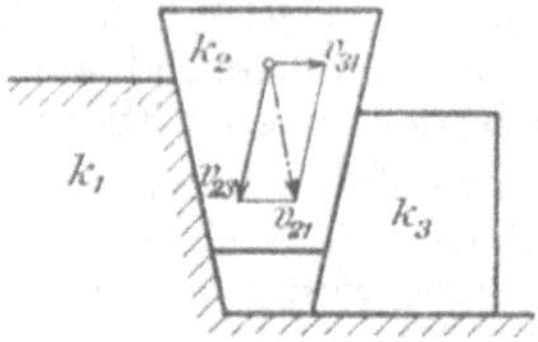

Bild 40. Schiebungen an der Keilkette.

Geschwindigkeit v_{21} gegen die angenommene feste Ebene E_1 aus. Diese beiden Geschwindigkeiten lassen sich zusammensetzen, und man erhält

$$v_{31} = v_{32} \mathbin{+\!\!\!\!\rightarrow} v_{21}.$$

Da die Geschwindigkeiten jedes Punktes einer Ebene bei einer Schiebung nach Größe und Richtung die gleichen sind, so gilt die obige Beziehung für sämtliche Punkte der Ebene.

Als Beispiel diene die Keilkette (Bild 40). Die Schiebungsrichtungen sind durch die Linien bestimmt, in denen sich die drei Keilflächen berühren. Ist die Schiebungsgeschwindigkeit von k_2 gegen k_1, nämlich v_{21}, gegeben, so läßt diese sich in die Komponenten v_{23} und v_{31} zerlegen.

Allgemein kann man sagen: *Kennt man die Bahn und das Bewegungsgesetz eines Punktes in zwei Ebenen, so kann man durch geometrische Zusammensetzung die Wege,*

Geschwindigkeiten und Beschleunigungen dieses Punktes gegenüber der festen Ebene E_1 ermitteln.

3.3 Schiebung und Drehung um einen festen Punkt

Die Ebene E_2 führt gegen die ruhende Ebene E_1 eine Schiebung mit der Geschwindigkeit v_s aus. Um einen Punkt S der Ebene E_2 dreht sich die Ebene E_3 mit der Winkelgeschwindigkeit ω (Bild 41). Derartige Bewegungen kommen an Getrieben häufig vor, wenn eine Schiebung durch eine Drehbewegung und umgekehrt erzeugt werden soll.

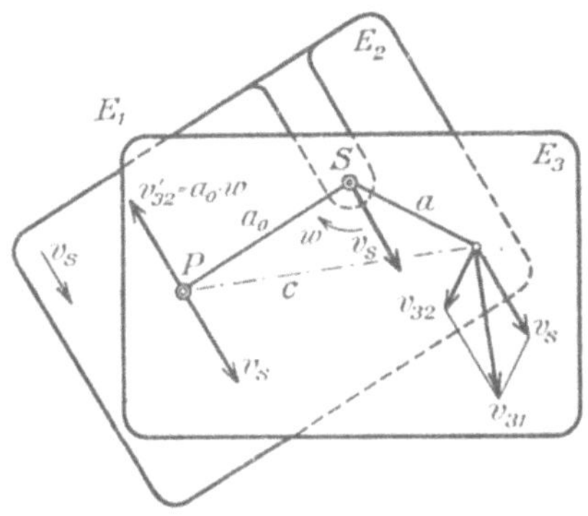

Bild 41. Schiebung und Drehung um einen festen Punkt.

B e i s p i e l: Bewegung des Kreuzkopfes und der Pleuelstange einer Geradschubkurbel (Bild 64, S. 85).

Ein beliebiger Punkt A_3 der Ebene E_3 im Abstand a vom Drehpunkt S hat gegen E_2 die Geschwindigkeit

$$v_{32} = a \cdot \omega.$$

Der sich augenblicklich mit A_3 deckende Punkt A_2 hat die Schiebungsgeschwindigkeit v_s der Ebene E_2. Die wirkliche Geschwindigkeit v_{31} des Punktes A_3 gegen die Ebene E_1 finden wir durch Zusammensetzen von v_{32} und v_s zu

$$v_{31} = v_{32} +\!\!\rightarrow v_s.$$

Wie bei anderen Bewegungsvorgängen, so ist auch hier anzunehmen, daß ein Punkt vorhanden ist, der augenblicklich die Geschwindigkeit = 0 hat, d. h. den Pol der Bewegung darstellt. Für diesen Punkt müßte $v_{31} = 0$ also

$$v_{32} +\!\!\rightarrow v_s = 0$$

werden; dies ist jedoch nur der Fall, wenn für ihn v_{32} und v_s von gleicher Größe und entgegengesetzt gerichtet sind. Für den Pol P, der den Absand a_0 vom Drehpunkt S habe, gilt also

$$v'_{32} = -v_s; \quad a_0 \cdot \omega = v_s; \quad a_0 = \frac{v_s}{\omega}.$$

Ferner ergibt sich, daß a_0 senkrecht zu v_s steht, und zwar liegt P in der Richtung, in die v_s nach Drehung um 90° im Uhrzeigersinne fallen würde. Wir können also die Gesamtbewegung der beiden Ebenen E_2 und E_3 ersetzt denken durch eine Drehung um den festen Pol P. Dieser Pol behält nämlich im Gegensatz zu den Bewegungsvorgängen auf Seite 33 seine Lage auf der festen Ebene E_1 bei. Wir können uns nun denken, daß die Ebene E_3 sich um diesen Punkt P dreht. Dann hat z. B. der Punkt S als Punkt der Ebene E_3 die Drehgeschwindigkeit v_s, diese ist aber $= a_0 \cdot \omega$. Somit dreht sich S um P mit der Winkelgeschwindigkeit ω, d. h. mit der gleichen Winkelgeschwindigkeit, mit der sich E_3 um E_2 in S dreht.

Die Geschwindigkeit v_{31} des Punktes A_3, bezogen auf den Pol P, kann geschrieben werden $v_{31} = c \cdot \omega$, wobei c der Abstand A_3P. Der Nachweis ergibt sich aus der Beziehung (S. 56) und daraus, daß

$$c = a_0 \mathrel{+\!\!\rightarrow} a.$$

3.4 Drehung zweier Ebenen gegen eine dritte um feste Punkte

Die Ebenen E_2 und E_3 drehen sich gegen die ruhende Ebene E_1 um die festen Punkte P_{21} und P_{31} mit den Winkelgeschwindigkeiten ω_{21} und ω_{31} (Bild 42). Ein Punkt A mit den Abständen a_2 und a_3 von den Drehpunkten P_{21} und P_{31} hat dann gegen E_1 die Geschwindigkeiten

$$v_{21} = a_2 \cdot \omega_{21}$$
$$v_{31} = a_3 \cdot \omega_{31},$$

je nachdem er als Punkt A_2 der Ebene E_2 oder als Punkt

A_3 der Ebene E_3 angesehen wird. Auch die Richtungen von v_{21} und v_{31} sind hierdurch bestimmt, indem sie senkrecht zu den jeweiligen Polstrahlen stehen. Infolge der Relativbewegung von E_3 gegen E_2 hat A als Punkt A_3 gegen E_2 die Geschwindigkeit v_{32}. Es ist dann

$$v_{31} = v_{32} \dotplus v_{21} .$$

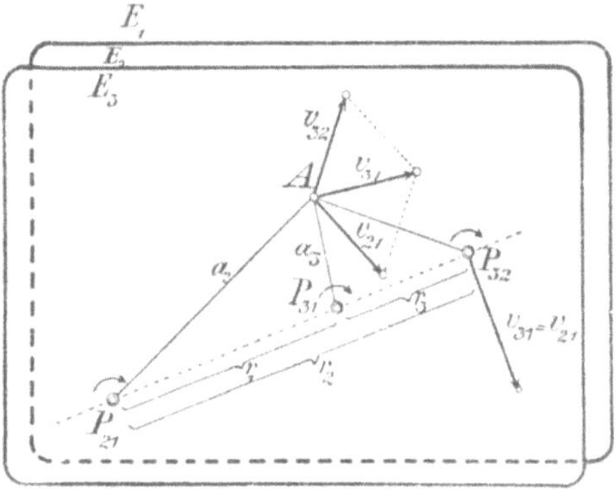

Bild 42. Drehung zweier Ebenen gegen eine dritte.

Ließe sich ein Punkt finden, der als Punkt der Ebene E_3 gegen Ebene E_2 in relativer Ruhe wäre, so könnte man die Bewegung von E_3 gegen E_2 als eine Drehbewegung um diesen Punkt auffassen. Für diesen Punkt müßte sein

$$v_{32} = 0,$$

$$\text{also } v_{31} = \dotplus v_{21} .$$

Diese beiden Geschwindigkeiten können nur gleich gerichtet sein, wenn sich der gesuchte Punkt P_{32} auf der Verbindungslinie von P_{21} und P_{31} befindet. Hat P_{32} die Abstände r_2 bzw. r_3 von P_{21} und P_{31}, so sind die Geschwindigkeiten dieses Punktes

$$v_{21} = r_2 \cdot \omega_{21}$$

$$v_{31} = r_3 \cdot \omega_{31} .$$

Diese Geschwindigkeiten sind (nach S. 31) nur gleich, wenn

$$\frac{r_2}{r_3} = \frac{\omega_{31}}{\omega_{21}},$$

d. h. Punkt P_{32} teilt die Verbindungslinie der beiden Drehpunkte P_{21} und P_{31} im umgekehrten Verhältnis der Winkelgeschwindigkeiten. Diese Teilung findet außen statt wenn ω_{21} und ω_{31} gleichen Drehsinn haben, innen dagegen, wenn beide Winkelgeschwindigkeiten in ungleichem Sinne drehen.

Diese Feststellung führt zu dem Satze, daß die Relativbewegung zweier sich gegen eine dritte Ebene drehender Ebenen wiederum eine Drehung ist. Der Drehpunkt liegt auf der Verbindungslinie der anderen Drehpunkte und teilt sie im umgekehrten Verhältnis der Winkelgeschwindigkeiten.

Folgende Beziehungen sind leicht rechnerisch oder graphisch zu ermitteln:

a) Gegeben r_1, ω_{21} und ω_{31} mit gleichem Drehsinn, gesucht r_2 und r_3 (Bild 43):

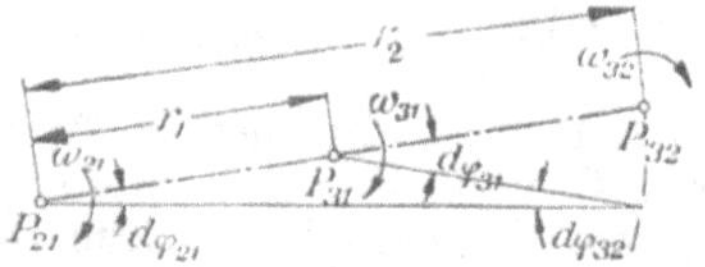

Bild 43. Ermittlung von Winkelgeschwindigkeiten bei gleichem Drehsinn.

$$r_2 - r_3 = r_1 \qquad r_2 = r_1 \frac{\omega_{31}}{\omega_{31} - \omega_{21}}$$

$$\frac{r_2}{r_3} = \frac{\omega_{31}}{\omega_{21}} \qquad r_3 = r_1 \frac{\omega_{21}}{\omega_{31} - \omega_{21}}.$$

b) Gegeben r_1, ω_{21} und ω_{31} haben entgegengesetzten Drehsinn, gesucht r_2 und r_3 (Bild 44):

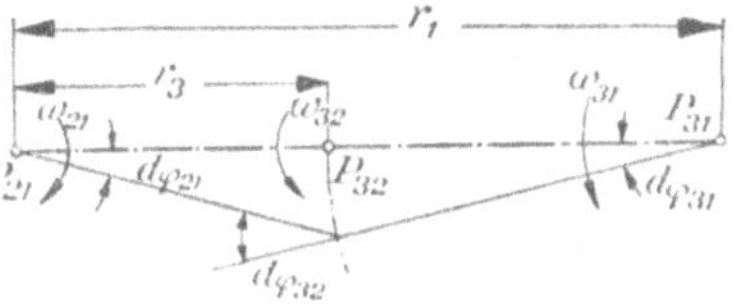

Bild 44. Ermittlung von Winkelgeschwindigkeiten bei entgegengesetzem Drehsinn.

$$r_2 + r_3 = r_1 \qquad r_2 = r_1 \frac{\omega_{31}}{\omega_{31} + \omega_{21}}$$

$$\frac{r_2}{r_3} = \frac{\omega_{31}}{\omega_{21}} \qquad r_3 = r_1 \frac{\omega_{21}}{\omega_{31} + \omega_{21}}.$$

c) Gesucht Winkelgeschwindigkeit ω_{32}:
Für P_{31} gilt

$$v_{31} = v_{32} \overset{\to}{+} v_{21} = 0$$

$$v_{32} = \overset{\to}{-} v_{21}.$$

Im Falle a) sind

$$v_{32} = - r_3 \cdot \omega_{32}$$

$$v_{21} = r_1 \cdot \omega_{21},$$

also
$$r_3 \cdot \omega_{32} = r_1 \cdot \omega_{21}$$

$$\omega_{32} = r_1 \cdot \frac{\omega_{21}}{r_3} = \omega_{31} - \omega_{21}. \qquad \text{(Bild 43)}$$

Graphisch liest man das gleiche Ergebnis aus Bild 43 ab, nämlich $\quad d\varphi_{32} = d\varphi_{31} - d\varphi_{21}$,
dagegen im Fall b)

$$v_{32} = - r_3 \cdot \omega_{32}$$

$$v_{21} = r_1 \cdot \omega_{21},$$

also
$$r_3 \cdot \omega_{32} = r_1 \cdot \omega_{21},$$

$$\omega_{32} = \frac{r_1 \cdot \omega_{21}}{r_3} = \omega_{31} + \omega_{21}. \qquad \text{(Bild 44)}$$

Graphisch liest man hier aus Bild 44 ab

$$d\varphi_{32} = d\varphi_{31} + d\varphi_{21}.$$

Die Relativdrehung von E_3 gegen E_2 erfolgt also mit einer Winkelgeschwindigkeit im Falle a) gleich der Differenz, im Falle b) gleich der Summe der beiden anderen Winkelgeschwindigkeiten.

Diese Beziehungen werden zur Ermittlung der Geschwindigkeiten und Drehzahlen an Umlaufgetrieben benutzt (siehe Getriebelehre II).

3.5 Beliebige Bewegung dreier Ebenen

Pole. Die drei Ebenen $E_1 E_2 E_3$ (Bild 45) bewegen sich beliebig gegeneinander. E_1 ist wieder die feste Ebene.

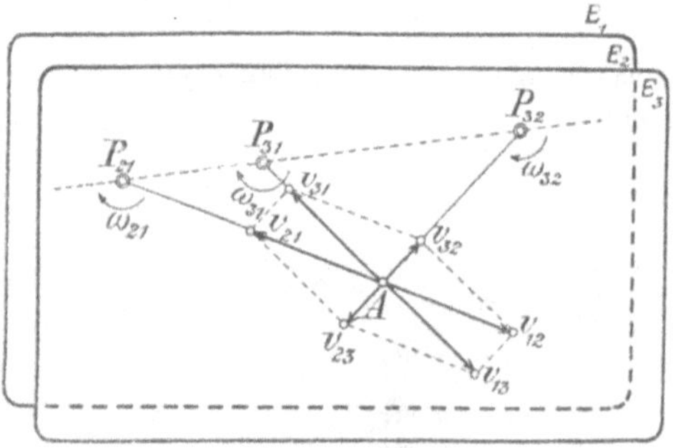

Bild 45. Bei beliebiger Bewegung dreier Ebenen liegen die drei Pole in einer Geraden.

Man kann dann die augenblickliche Bewegung von E_2 gegen E_1 als Drehung um einen Momentanpol P_{21} ansehen und ebenso die Bewegung von E_3 gegen E_2 als Drehung um einen Momentanpol P_{32} auffassen. Nach den Beziehungen auf S. 58 können diese Momentandrehungen zu einer resultierenden Drehung E_3 gegen E_1 um einen Drehpunkt P_{31} zusammengesetzt werden, der auf die Verbindungslinie $P_{21} P_{32}$ fällt.

Polsatz. Die drei Momentanpole von drei sich beliebig bewegenden Ebenen liegen stets auf einer Geraden.

B e i s p i e l : Gelenkviereck (Bild 46). Die 4 Glieder bilden die Ebenen 1 bis 4, jeder Gelenkpunkt bildet einen Pol, und zwar P_{12}, P_{23}, P_{34} und P_{14}; durch Verlängern der Stabrichtungen bis zum Schnittpunkt findet man die beiden restlichen Pole P_{13} und P_{24}. Je 3 der 6 Pole liegen auf einer Geraden.

Geschwindigkeiten. Die drei sich augenblicklich in Punkt A (Bild 45) deckenden Punkte A_1, A_2, A_3 der drei Ebenen haben je nach der Ebene, der sie angehören, und der Ebene, gegen die sie sich bewegen, die folgenden 6 verschiedenen Relativgeschwindigkeiten:

Punkt A_1
- v_{12} gegen Ebene E_2
- v_{13} gegen Ebene E_3

Punkt A_2
- v_{21} gegen Ebene E_1
- v_{23} gegen Ebene E_3

Punkt A_3
- v_{31} gegen Ebene E_1
- v_{32} gegen Ebene E_2.

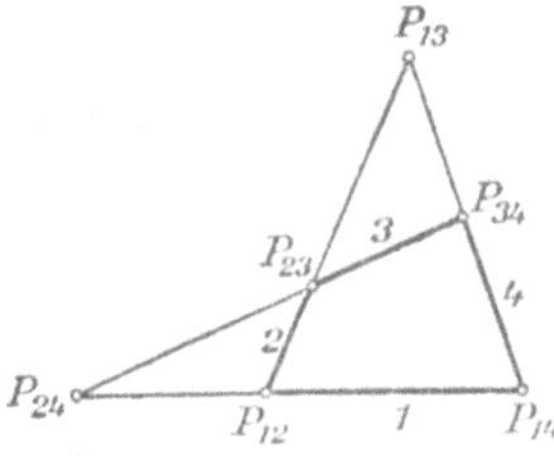

Bild 46. Die sechs Pole eines Gelenkviereckes.

Hierbei sind je zwei Geschwindigkeiten dem absoluten Werte nach gleich, aber entgegengesetzt gerichtet:

$$v_{12} = -\!\!\rightarrow v_{21}; \quad v_{23} = -\!\!\rightarrow v_{32}; \quad v_{31} = -\!\!\rightarrow v_{13}.$$

Dem absoluten Werte nach gibt es also nur *drei Geschwindigkeiten.*

Dreht man die Geschwindigkeiten im Uhrzeigersinn um 90° (s. Seite 39), so erhält man in Bild 45 das Geschwindigkeitssechseck. Man erkennt, daß sich je zwei Geschwindigkeiten geometrisch zu der dritten zusammensetzen lassen. Es sind nämlich

$$v_{32} +\!\!\rightarrow v_{21} = v_{31} \qquad v_{12} +\!\!\rightarrow v_{23} = v_{13}$$
$$v_{21} +\!\!\rightarrow v_{13} = v_{23} \qquad v_{31} +\!\!\rightarrow v_{12} = v_{32}$$
$$v_{13} +\!\!\rightarrow v_{32} = v_{12} \qquad v_{23} +\!\!\rightarrow v_{31} = v_{21}.$$

Man erkennt eine besondere Gesetzmäßigkeit in der Reihenfolge der Indizes. Jede Geschwindigkeit ist durch zwei Ziffern gekennzeichnet, von denen die erste die Ebene angibt, der der Punkt angehört, die zweite die

Ebene, gegen die seine Geschwindigkeit zu ermitteln ist. Bei der Zusammensetzung von Geschwindigkeiten beachte man als Regel, daß sich nur Geschwindigkeiten verschiedener Ebenen zusammensetzen lassen, z. B. v_{32} und v_{21}, d. h. die Ziffern in der Mitte müssen gleich sein. Die resultierende Geschwindigkeit wird dann aus den beiden anderen Ziffern gebildet, im Beispiel also v_{31}. Wir erhalten so

$$v_{32} \mathbin{+\!\!\to} v_{21} = v_{31}\,.$$

Kennt man die drei Pole der drei Ebenen, so kennt man für jeden Punkt A auch die Richtung seiner Polstrahlen und damit auch die Richtungen seiner gedrehten Geschwindigkeiten. Ist eine Geschwindigkeit dann der Größe nach gegeben, so läßt sich das Sechseck konstruieren und somit alle Geschwindigkeiten ermitteln.

Beschleunigungen. Die drei sich augenblicklich in A deckenden Punkte A_1, A_2, A_3 der drei Ebenen haben analog den Geschwindigkeiten die folgenden sechs Relativbeschleunigungen:

Punkt A_1

p_{12} gegen Ebene E_2
p_{13} gegen Ebene E_3,

Punkt A_2

p_{21} gegen Ebene E_1
p_{23} gegen Ebene E_3,

Punkt A_3

p_{31} gegen Ebene E_1
p_{32} gegen Ebene E_2,

wovon ebenfalls wieder je zwei einander dem absoluten Wert nach gleich sind:

$$p_{12} = -\!\!\to p_{21}; \quad p_{23} = -\!\!\to p_{32}; \quad p_{31} = -\!\!\to p_{13}\,.$$

Im Gegensatz zu den Geschwindigkeiten ergeben aber diese 6 Beschleunigungen im allgemeinen nicht eine andere dieser Gruppe, sondern es gehört zu jedem Paar noch eine weitere Zusatzbeschleunigung, die nach ihrem Entdecker den Namen „Coriolis“-Beschleunigung trägt. Erst mit dieser Zusatzbeschleunigung geben die beiden ersten eine andere der 6 oben angegebenen Beschleunigungen.

3.6 Coriolis-Beschleunigung

An Stelle einer strengen Ableitung sei die anschauliche Ableitung von R. Beyer benutzt (Bild 47). Punkt A wird während eines unendlich kleinen Zeitabschnittes auf der Übertragbahn $f = AA'$ der Ebene E_2 geführt. Gleichzeitig führt er eine Bewegung auf der Ebene E_3 aus (Relativbahn r). Aus der Bewegung der Übertragbahn f und auf der Relativbahn r setzt sich die absolute Bewegung zusammen. Für die Geschwindigkeit gilt

$$v_a = v_f +\!\!\rightarrow v_r \,.$$

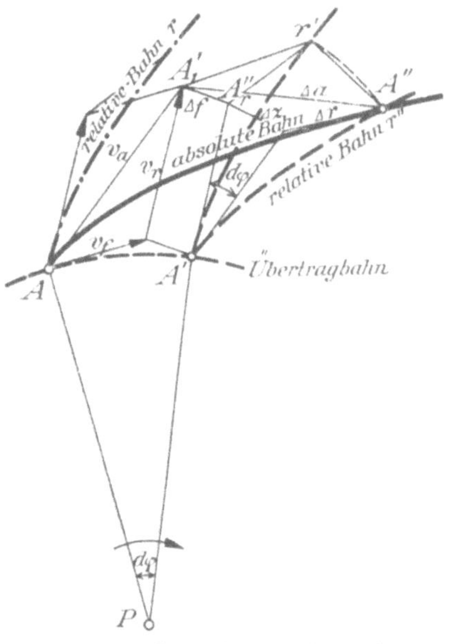

Bild 47. Ermittelung der Coriolis-Beschleunigung (nach R. Beyer).

Würde der Punkt A seine Anfangsgeschwindigkeit beibehalten, so käme er nach Punkt A'_1; in Wirklichkeit gelangt er nach A'', indem er die Wegabweichung Δa ausführt. Diese Wegabweichung läßt sich in Komponenten zerlegen, die Abweichung Δf infolge Bewegung auf der Übertragbahn, die Abweichung Δr hervorgerufen durch Verschiebung der Relativbahn von Lage r nach Lage r'. Hinzu kommt ein Bogenelement Δz durch Drehung der

Relativbahn in die Lage r'', hervorgerufen durch Drehen der Ebene E_2 um P mit dem Winkel $\mathrm{d}\varphi$

$$\Delta z = A' A_r'' \cdot \mathrm{d}\varphi\,.$$

$A' \; A_r''$ ist gleich dem in der Zeit $\mathrm{d}t$ zurückgelegten Weg auf der Relativbahn, also

$$\Delta z = v_r \cdot \mathrm{d}t \cdot \mathrm{d}\varphi \qquad \mathrm{d}a\;\omega = \frac{\mathrm{d}\varphi}{\mathrm{d}t}\,;$$

$$\Delta z = v_r \cdot \omega \cdot (\mathrm{d}t)^2$$

$$\Delta a = \Delta f \mathrel{+\!\!\to} \Delta r \mathrel{+\!\!\to} \Delta z\,.$$

Die kleinen Wegelemente werden in der Zeit $\mathrm{d}t$ beschleunigt zurückgelegt; sieht man diese Bewegung unter Vernachlässigung von Differentialen höherer Ordnung als gleichförmig beschleunigt an (s. Seite 14), so ermittelt sich die Beschleunigung p zu

$$p = \frac{2s}{t^2} = \frac{2\Delta s}{(\mathrm{d}t)^2}$$

und die Coriolis-Beschleunigung

$$p_z = \frac{2\Delta z}{(\mathrm{d}t)^2} = 2v_r \cdot \omega, \text{ sie steht } \perp \text{ zu } v^r\,. \tag{18}$$

Setzt man an Stelle der Wegelemente die Beschleunigungen, so kann man diese ebenfalls zusammensetzen

$$p_a = p_f \mathrel{+\!\!\to} p_r \mathrel{+\!\!\to} p_z\,. \quad \text{(Fig. 48)} \tag{19}$$

p_f = Übertragungsbeschleunigung (aus Rotationsbeschleunigung) des Punktes A_2 gegen die feste Ebene E_1

p_r = Relativbeschleunigung von A_3 gegen E_2

p_z = $2\,v_r\omega$ Coriolisbeschleunigung

$$p_a = \underset{\parallel v_r}{p_{tr}} \mathrel{+\!\!\to} \underset{\perp v_r}{p_{nr}} \mathrel{+\!\!\to} \underset{\parallel v_f}{p_{tf}} \mathrel{+\!\!\to} \underset{\perp v_f}{p_{nf}} \mathrel{+\!\!\to} \underset{\perp v_r}{p_z}\,^{1)}$$

$$p_{tf} = \varepsilon \cdot r \qquad p_{nf} = \omega^2 \cdot r \qquad p_z = 2v_r \cdot \omega\,.$$

Wird die Bahn A_1 geradlinig, d. h. der Drehpunkt der Ebenen E_2 und E_3 liegt unendlich fern, dann wird ω unendlich klein und $p_z = 0$.

1) Die Beschleunigungen sind hier noch jeweils in ihre Tangential- und Normalkomponenten zerlegt.

Da der Anfänger gewöhnlich Schwierigkeiten hat, sich die Bedeutung der Coriolis-Beschleunigung vorzustellen, sei auf die elementare Ableitung nach A. Bloch (Engineering Bd. 155, 1943 S. 243) aufmerksam gemacht. Auf einem Karussell, das mit der Winkelgeschwindigkeit ω gleichförmig umläuft, bewegt sich ein Kind auf dem Halbmesser r mit der Geschwindigkeit v_r gleichförmig im Kreise. Die

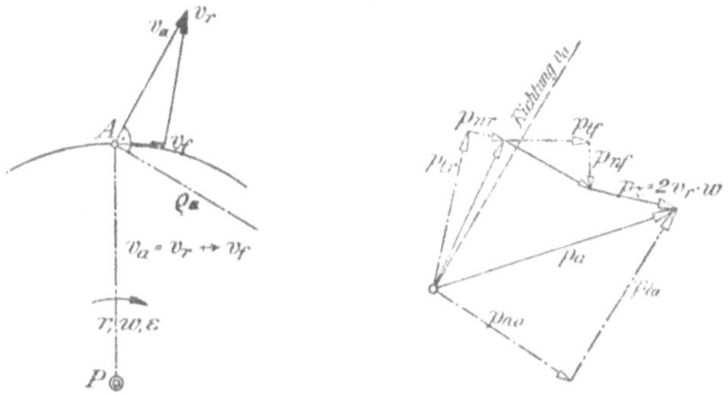

Bild 48 a u. b. Größe und Lage der Geschwindigkeiten und Beschleunigungen bei Bewegung auf einem bewegten System (Coriolis-Beschleunigung).

absolute Geschwindigkeit ist $v_a = v_f + v_r$. Die Relativ-Normalbeschleunigung ist $p_r = \frac{v_r^2}{r}$; die Normalbeschleunigung des Systems ist $p_f = \frac{v_f^2}{r}$, und die absolute Beschleunigung des Gesamtsystems ist

$$p_a = \frac{(v_a)^2}{r} = \frac{(v_f + v_r)^2}{r} = \frac{v_f^2}{r} + \frac{v_r^2}{r} + \frac{2\,v_f \cdot v_r}{r} =$$
$$= p_f + p_r + p_z$$

mit p_z = Coriolis-Beschleunigung = $2\,v_r\,\omega$. Ähnliche Überlegungen lassen sich anstellen, wenn sich das Kind in radialer Richtung bewegt. Bekannte Beispiele der

Coriolis-Beschleunigung sind freier Fall auf der Erde; auf der nördlichen Halbkugel ergibt sich eine östliche Ablenkung. Bewegungen an der Flanke von umlaufenden Kurvenscheiben (R. Kraus, Schrifttum 30, S. 42).

4. Geschwindigkeiten und Beschleunigungen von Kurbelgetrieben

4.1 Allgemeines

Die in den Abschnitten 1—3 entwickelten Sätze über die Geschwindigkeiten und Beschleunigungen finden Anwendung bei der Untersuchung von Gelenkvierecken und der davon abgeleiteten Getriebe.

Zur getrieblichen Untersuchung von Getrieben mit umlaufender Antriebskurbel empfiehlt es sich im allgemeinen, den Kurbelkreis in wenigstens 12 (Zirkelkonstruktion mit r = Sehnenlänge) oder 16 gleiche Teile zu teilen. Die Untersuchung von weniger Punkten empfiehlt sich nicht. Die Kurbelpunkte sind zu numerieren und diese Nummern für die Stellungen der anderen Glieder beizubehalten, um Verwechslungen zu vermeiden. Am besten ist jeder Getriebestellung eine andere Farbe (farbiger Tintenstift) beizuordnen oder einige wenige Grundfarben regelmäßig nach einer bestimmten Zahl zu wiederholen. Neben diesen 12 oder 16 Grundstellungen empfiehlt sich auch, das Getriebe in Sonderstellungen zu untersuchen, wie Strecklagen, Umkehrstellungen, Stellen von Geschwindigkeits- und Beschleunigungsmaxima und -minima. Die Ergebnisse sind in Schaubildern mit s oder t als Abszissen einzutragen (s. Bild 56). Im folgenden können in vielen Fällen nur die Geschwindigkeiten und Beschleunigungen für eine bestimmte Getriebestellung gegeben werden.

4.2 Gelenkviereck

(Bogenschubkurbel, Doppelkurbel, Doppelschwinge)

Geschwindigkeiten. Ermittlung der Geschwindigkeiten (Bild 49) für eine bestimmte Lage des Getriebes: Antrieb durch Kurbel a mit gleichbleibender Winkelgeschwindigkeit ω_a. Die Geschwindigkeit v_2 des Punktes 2 steht senkrecht zur Kurbel a, ebenso v_3 senkrecht zur Schwinge c. Der Momentanpol P ergibt sich als Schnittpunkt der Verlängerung von a und c. Die gedrehten Geschwindigkeiten $v_2^{\urcorner}$ und $v_3^{\urcorner}$ fallen in die Richtung der Stangen a und c. Zieht man durch den Endpunkt von $v_2^{\urcorner}$ eine Parallele zur Koppelstange b, so schneidet diese auf b $v_3^{\urcorner}$ ab. In Bild 49 ist sowohl das Dreieck der gedrehten als auch der wirklichen Geschwindigkeiten eingetragen. v_{32} ist die geometrische Differenz der Geschwindigkeiten v_2 und v_3, sie ist für die Beschleunigungsermittlung sehr wichtig.

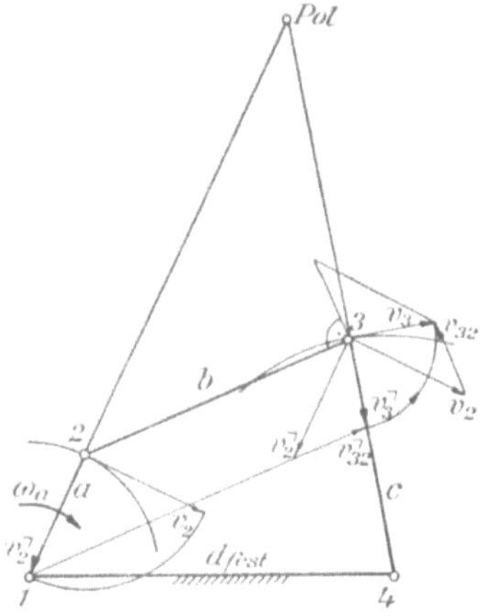

Bild 49. Geschwindigkeiten der Schwinge am Gelenkviereck.

Mittels der gedrehten Geschwindigkeiten lassen sich ebenfalls die Geschwindigkeiten von Punkten der Koppelebene[1]) bzw. von Punkten der Koppelgeraden ermitteln (Bild 50). Die Geschwindigkeit v_6 des Punktes 6 der Koppelgeraden $\overline{23}$ ermittelt man durch Einzeichnen der Verbindungslinie $\overline{13}$, Ziehen einer Parallele zu a durch 6, und einer weiteren Parallele zu c durch den Schnittpunkt mit $\overline{13}$. Diese schneidet sich im Endpunkt von $v_6^{\urcorner}$ mit der Parallelen zur Koppelgeraden. Für Punkte außerhalb der Koppelgeraden, z. B. 8, zieht man durch die Endpunkte

1) Die Geschwindigkeit beliebiger Punkte der Kurbel- oder Schwingebene kann graphisch nur mit den wirklichen Geschwindigkeiten (s. S. 27) ermittelt werden.

der gedrehten Geschwindigkeiten $v_2^{\rceil}$ und $v_3^{\rceil}$ Parallelen zu $\overline{28}$ bzw. $\overline{38}$. Der Schnittpunkt ergibt $v_8^{\rceil}$, die gedrehte Geschwindigkeit des Punktes 8. Diese Konstruktionen gelten für den allgemeinen Fall, daß der Pol außerhalb der Zeichenebene liegt. Ist dies nicht der Fall, dann erfolgt die Ermittlung der Geschwindigkeiten einfacher und genauer durch Ziehen eines Polstrahles, z. B. $\overline{P8}$, und einer Parallelen durch den Endpunkt von $v_2^{\rceil}$ zu $\overline{28}$.

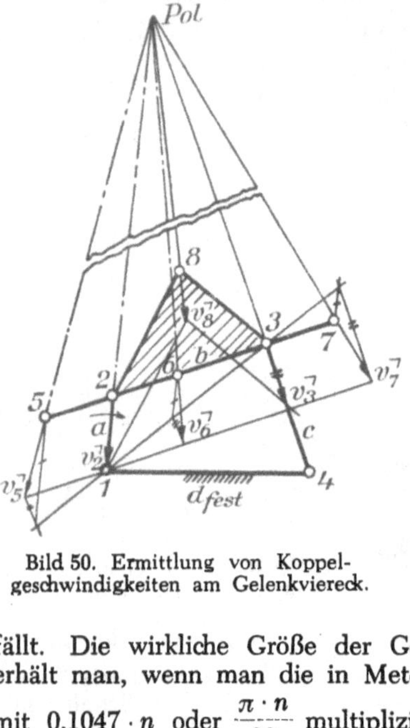

Bild 50. Ermittlung von Koppelgeschwindigkeiten am Gelenkviereck.

Bei gleichbleibender Antriebsgeschwindigkeit ω_a = konst; $\varepsilon_a = 0$ ist es zweckmäßig, die Größe des Geschwindigkeitsvektors $v_2 = a \cdot \omega_a$ so zu wählen, daß der Endpunkt der gedrehten Geschwindigkeit $v_2^{\rceil}$ in den Punkt 1 fällt. Die wirkliche Größe der Geschwindigkeit in m/s erhält man, wenn man die in Metern gemessene Strecke mit $0{,}1047 \cdot n$ oder $\frac{\pi \cdot n}{30}$ multipliziert. Ist das Getriebe im Maßstab $1 : a$ gezeichnet, so muß die betreffende Geschwindigkeit noch mit a multipliziert werden.

Ermittelt man die Geschwindigkeiten des Gelenkpunktes $v_3^{\rceil}$ für ein volles Bewegungsspiel der Kurbel a, so erhält man das Geschwindigkeitsschaubild (Bild 56 a).

Beispiel: Das Getriebe (Bild 49) ist im Maßstab 1 : 5 gezeichnet, die Kurbeldrehzahl sei

$$n = 240\ \mathrm{U/min};\ v_2 = a = 0{,}0125\ \mathrm{m},\ v_3 = 0{,}0085\ \mathrm{m},$$

dann sind die wirklichen Geschwindigkeiten

$$v_2 = \frac{0{,}0125 \cdot \pi \cdot 240 \cdot 5}{30} = 1{,}57\mathrm{m/s}$$

$$v_3 = \frac{0{,}0085 \cdot \pi \cdot 240 \cdot 5}{30} = 1{,}07\mathrm{m/s}\ .$$

Beschleunigungen. Gegeben ist eine beliebige Stellung des Gelenkvierecks 1234 (Bild 51); die Kurbel a laufe mit der gegebenen Winkelgeschwindigkeit ω_a um. Die Beschleunigung $p_2 = p_{n2} \mathrel{+\!\!\rightarrow} p_{t2}$ des Punktes 2 ist dann nach Größe und Richtung bestimmt durch seine Normalbeschleunigung $p_{n2} = \frac{v_2^2}{a} = a \cdot \omega_a^2$ und $p_{t2} = a \cdot \varepsilon_a$, beide Größen können zeichnerisch oder rechnerisch gefunden werden. Zur Ermittlung der Beschleunigung p_3 des Punktes 3 müssen wir uns überlegen, daß die Bewegung dieses Punktes durch eine Verschiebebewegung der Koppelstange b und eine Drehung der Schwinge c hervorgerufen wird. Die Beschleunigung p_3 ergibt sich als Resultierende aus der Beschleunigung p_{32} der Koppelstange und der Beschleunigung p_2 des Punktes 2: $p_3 = p_2 \mathrel{+\!\!\longrightarrow} p_{32}$. Während p_2 (siehe oben) nach Größe und Richtung bekannt ist, kennen wir von p_{32} nur die Normalkomponente p_{n32} aus der Beziehung $p_{n32} = \frac{v_{32}^2}{b}$, ferner können wir die Normalkomponente $p_{n3} = \frac{v_3^2}{c}$ ermitteln. Hierdurch erhalten wir zwei geometrische Orte für den Endpunkt von p_3, nämlich eine Gerade RR, senkrecht zu $\overline{23}$ im Abstand ($p_{n32} \pm$ Komponente von p_2 auf $\overline{23}$) vom Punkt 3

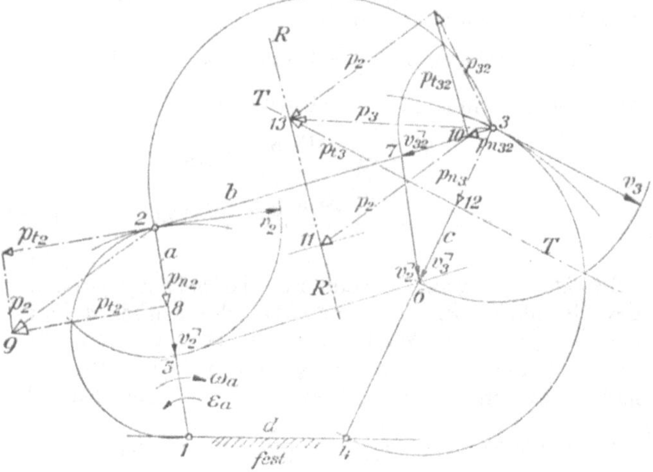

Bild 51 a.

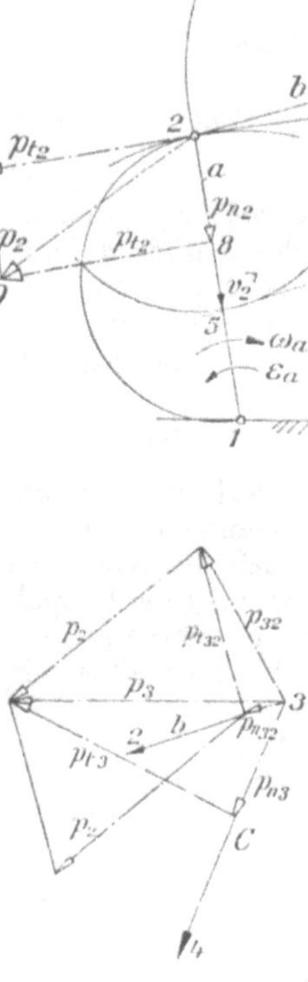

Bild 51 b.

Bild 51 a u. b. Allgemeine Beschleunigung des Schwingengelenks am Gelenkviereck.

aus, und eine Gerade $\overline{TT}$, senkrecht zu c im Abstand p_{n3}. Der Schnittpunkt dieser beiden Geraden ergibt die gesuchte Beschleunigung p_3.

Im folgenden sei die Ermittlung im einzelnen beschrieben. In Punkt 2 trägt man nach Größe und Richtung $v_2 = a \cdot \omega_a \perp \overline{21}$ und $p_{t2} = a \cdot \varepsilon_a \perp \overline{21}$ an; v_2 dreht man in Richtung des Uhrzeigersinnes in Richtung $\overline{21}$, zieht durch den Endpunkt 5 von v_2^{Γ} eine Parallele zu $\overline{23}$, die auf $\overline{34}$ die Geschwindigkeit v^{Γ} ausschneidet (6), gleichzeitig zieht man eine Parallele durch 6 zu $\overline{12}$, diese schneidet auf $\overline{23}$ die Geschwindigkeit $v_{32}^{\urcorner}$ (7) aus.

Auf $\overline{12}$ ermittelt man graphisch p_{n2}, indem man den Halbkreis über $\overline{12}$ zum Schnitt bringt mit dem Kreisbogen v_2 um 2, die Senkrechte zu $\overline{12}$ ergibt p_{n2} (8), $p_{t2} \mathrel{+\!\!\to} p_{n2}$ ergeben zusammen p_2 (9). Durch Schlagen des Halbkreises über $\overline{23}$, Schneiden mit dem Kreisbogen $v_{32}^{\urcorner}$ um 3, Ziehen der Senkrechten zu $\overline{23}$ finden wir $p_{n32} = \dfrac{v_{32}^2}{b}$ (10), durch 10 ziehen wir eine Parallele zu $p_2 = \overline{29}$ und machen $\overline{10\ 11} = p_2$. Das Lot durch 11 zu $\overline{23}$ ergibt als geometrischen Ort für p_3 die Gerade RR. (Man kann auch vom Punkt 10 aus eine Komponente der Beschleunigung p_2 in Richtung $\overline{23}$ aus abtragen und im Endpunkt das Lot errichten.) Die Gerade TT finden wir durch Schlagen des Halbkreises über $\overline{34}$, Schneiden mit einem Kreisbogen v_3 um 3, als Senkrechte zu $\overline{34}$ durch den Schnittpunkt. Der Schnittpunkt der Geraden RR und TT ergibt den gesuchten Endpunkt (13) der Beschleunigung p_3. Bild 51b zeigt die Zusammensetzung der Beschleunigung p_3.

Ein wichtiger Sonderfall ist der, daß sich die Kurbel a mit gleichförmiger Geschwindigkeit dreht, d. h. ω_a = konst. (Bild 52). Die Winkelbeschleunigung ε_a wird dann 0; kein Punkt der Kurbel a, z. B. auch 2, hat eine Tangentialbeschleunigung, die Normalbeschleunigung des Punktes 2 ist $p_2 = p_{n2} = \dfrac{v_2^2}{a}$ und fällt in die Gerade $\overline{21}$. Für diesen Sonderfall empfiehlt es sich, den Geschwindigkeitsmaßstab so zu wählen, daß $v_2 = a$ wird, dann wird auch $p_2 = a$, d. h. sowohl die Spitzen von $v_2^{\urcorner}$ als auch von p_2 fallen nach 1. Man ermittelt, wie bereits im Bild 49 ausgeführt, die Geschwindigkeit v_3 und v_{32} (4) und bildet

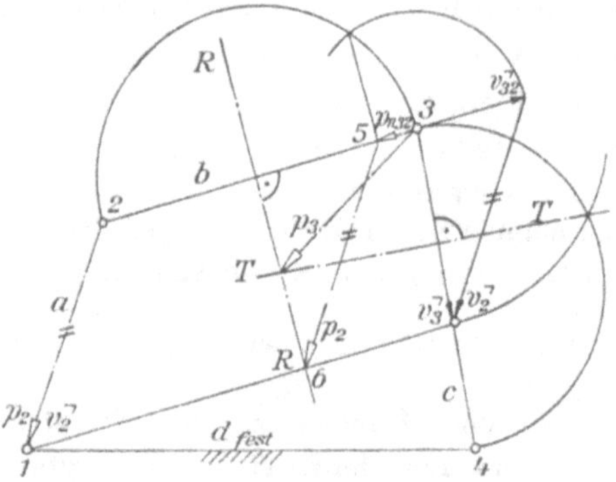

Bild 52 a.

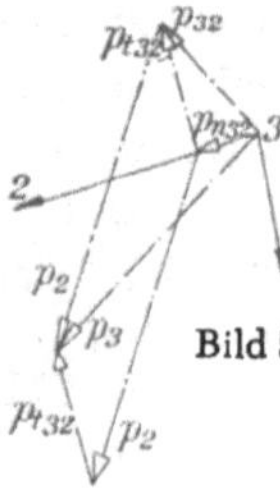

Bild 52 b.

Bild 52 a u. b. Beschleunigung des Schwingengelenkes am Gelenkviereck bei gleichförmiger Kurbeldrehzahl.

hieraus nach Hilfskonstruktion (Halbkreis über $\overline{32}$, Kreisbogen mit v_{32}, Lot auf $\overline{23}$)[1])

$$p_{n\,32} = \frac{v_{32}^2}{b} = \overline{35}\,.$$

Durch 5 ziehen wir die Parallele zu a, die sich mit der Parallelen zu $\overline{23}$ durch 1 in 6 schneidet. Die Senkrechte zu 23 durch 6 ergibt die Gerade $\overline{RR}$. Die Gerade $\overline{TT}$ finden wir in gleicher Weise wie oben durch Schlagen des Halbkreises über $\overline{34}$, Schneiden mit dem Kreisbogen v_3 um 3, als Senkrechte zu $\overline{34}$ durch den Schnittpunkt. $\overline{RR}$ und $\overline{TT}$ schneiden sich im Endpunkt von p_3.

1) Man spart bei der Ermittlung einige Hilfslinien, wenn man die Konstruktion von $p_{n\,32}$ anstatt auf der Koppelgeraden 23 auszuführen, auf die Parallele hierzu durch die Endpunkte von $v_2^{\urcorner}$ und $v_3^{\urcorner}$ verlegt (nach Getriebeblatt AWF 603); die vorliegende Konstruktion ist jedoch etwas leichter verständlich.

Beschleunigungen in den Umkehrstellungen. In den Umkehrstellungen von Getrieben ist die Ermittlung der Beschleunigungen von größter Bedeutung (Bild 53). Hier

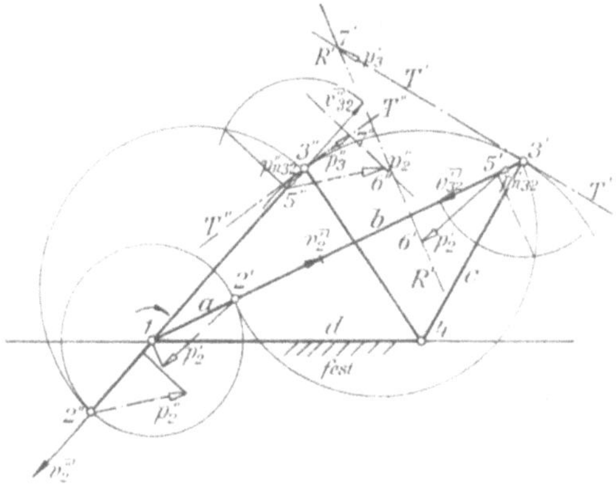

Bild 53 a.

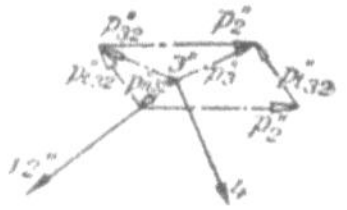

Bild 53 b.

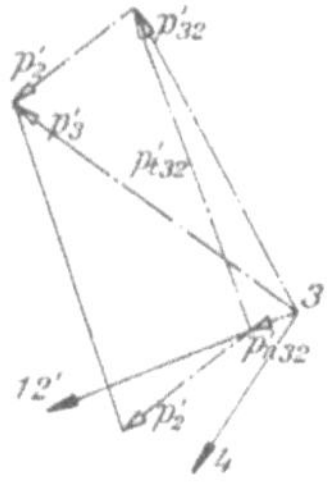

Bild 53 c.

Bild 53 a—c. Beschleunigungen in den Umkehrstellungen des Gelenkvierecks.

wird die Geschwindigkeit $v_3 = 0$, somit wird $p_{n3} = 0$, es kann also nur eine Tangentialbeschleunigung auftreten. Da die Glieder a und b eine Strecklage bilden, wird die Relativgeschwindigkeit $v_{32}^{\urcorner} = - v_2^{\urcorner}$. Wir finden z. B. für den Totpunkt 2′ p'_{n32} durch Schlagen des Halbkreises über $b = \overline{23}$ und Kreisbogen mit $v_2 = v_{32}$ um 3′, die

Senkrechte zum Schnittpunkt schneidet auf 2′ 3′ den Endpunkt 5′ der Beschleunigung p'_{n32} aus.

An diesem Endpunkt tragen wir nach Größe und Richtung p'_2 an (6′). Das Lot ($R'R'$) von 6′ auf $\overline{2'\,3'}$ schneidet auf TT ($\perp$ zu 3′ 4) die gesuchte Beschleunigung $p'_3 = \overline{3'\;7}$ aus.

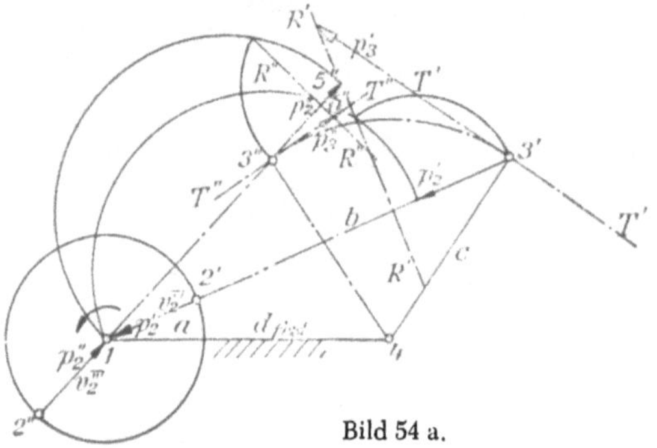

Bild 54 a.

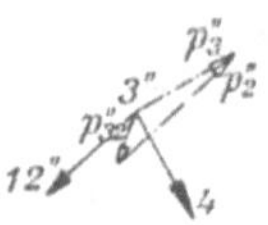

Bild 54 b.

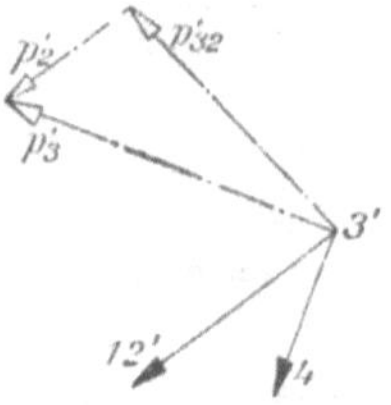

Bild 54 c.

Bild 54 a—c. Beschleunigungen in den Umkehrstellungen des Gelenkviereckes.

Die gleiche Konstruktion wiederholen wir beim anderen Totpunkt 2″. Wir erhalten hier $\overline{3''\;7''}$ die Beschleunigung p''_3. Wir erkennen, daß die Richtung der Beschleunigungen p'_3 und p''_3 verschieden ist, p_3 ist negativ, p'_3 positiv.

Die Konstruktion vereinfacht sich (Bild 54), wenn ω_a = konst.; $\varepsilon_a = 0$; dann fallen (bei geeigneter Wahl der Maßstäbe, s. S. 68)die Beschleunigungen p_2 nach Größe und Richtung mit dem Kurbelhalbmesser a zusammen. Das Antragen von p_2 an p_{n32} kann man sich dadurch sparen, daß man über $\overline{15}$ (wobei $3'' 5'' = a$) einen Halbkreis mit b schlägt, diesen mit dem Kreisbogen um $5''$ mit $5''\ 3''$ schneidet und von dort unmittelbar das Lot $R''\ R''$ auf $2''\ 3''$ mit der Senkrechten $T''\ T''$ auf $3''\ 4''$ zum Schnitt bringt. $3''\ 6''$ ist die gesuchte Beschleunigung p''_3 Auf die gleiche Weise finden wir $3'\ 6'$, die Beschleunigung p'_3.

Die Beschleunigungskonstruktionen Bild 51 u. f. des Gelenkvierecks sind nicht einfach, man ermittelt deshalb die Beschleunigung nur für solche Punkte, bei denen erhebliche Geschwindigkeitsveränderungen auftreten.

Vielfach ersetzt man die vektorielle Bestimmung der Beschleunigung durch graphische Differentiation aus dem *tv*- bzw. *sv*-Schaubild; hierdurch können jedoch erhebliche Ungenauigkeiten entstehen, da die bei der Ermittlung der einzelnen Größen entstandenen Ungenauigkeiten sich vervielfachen; ganz abwegig ist es, aus dem *ts*-Diagramm durch doppelte graphische Differentiation die Beschleunigung abzuleiten (s. S. 18).

Beschleunigungsermittlung nach Grübler. (Schrifttum 9, S. 5). Für bestimmte Fälle läßt sich die von Grübler angegebene Konstruktion der Beschleunigung aus dem Diagramm der gedrehten Geschwindigkeiten gut benutzen. Auf die Ableitung sei hier verzichtet und nur die Konstruktion (Bild 55) angegeben. Auf bekannte Weise sei das Diagramm der gedrehten Geschwindigkeiten ermittelt (s. S. 67). Zur augenblicklichen Lage A des Kurbelpunktes 3 gehört die gedrehte Geschwindigkeit $v_a^{\urcorner}$, die im Punkt B endet. Man ziehe die Tangente an die Bahnkurve in A ($\perp$ zu $A\,4$) und an die Geschwindigkeitslinie in B, dann errichte man in B die Normale, die die Bahntangente in N schneidet. Man verbindet $\overline{4\,N}$ und bringt diese Linie zum Schnitt mit der Parallelen zur Bahntangente durch B. Die Strecke $\overline{BC}$ ergibt bereits die

Tangentialbeschleunigung p_t nach Größe und Richtung, die nur noch nach A zu verlegen ist. Im allgemeinen genügt die Kenntnis der Tangentialbeschleunigung; die Gesamtbeschleunigung p findet man ebenfalls recht einfach durch Ziehen einer Parallelen durch C zu $\overline{AB}$ und Verlängerung der Normalen $\overline{BN}$ (Schnittpunkt M). $AM = p$ entspricht nach Größe und Richtung der Gesamtbeschleunigung. Man findet aber die Normalbeschleunigung ebenfalls leicht mit Hilfe des Halbkreises über $\overline{A4}$ und der Senkrechten zum Schnittpunkt Q mit dem Kreise um A mit v_a. Diese Konstruktion benutzt man zur Kontrolle der Genauigkeit: Q, P, M müssen auf einer Geraden liegen. Augenscheinlich versagt die Konstruktion (Bild 55), wenn die Geschwindigkeit $v_a = 0$ wird, also gerade für die wichtigen Beschleunigungen in den Totlagen. Hier ist also auf die Konstruktion nach Bild 53 oder Bild 54 zurückzugreifen.

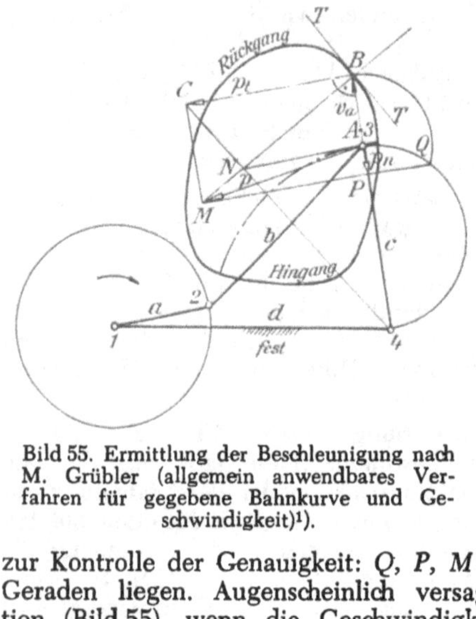

Bild 55. Ermittlung der Beschleunigung nach M. Grübler (allgemein anwendbares Verfahren für gegebene Bahnkurve und Geschwindigkeit)[1]).

Beschleunigung eines beliebigen Punktes der Schwinge und der Koppel. Ist die Beschleunigung p_3 des Punktes

1) Diese Konstruktion hat allgemeine Gültigkeit nicht nur für das Gelenkviereck, sondern für eine beliebige *Bahnkurve*, wobei das *Geschwindigkeitsdiagramm* auf der Normalen dazu aufgetragen ist. Anwendung beim Kurbelschleifengetriebe siehe Seite 92.

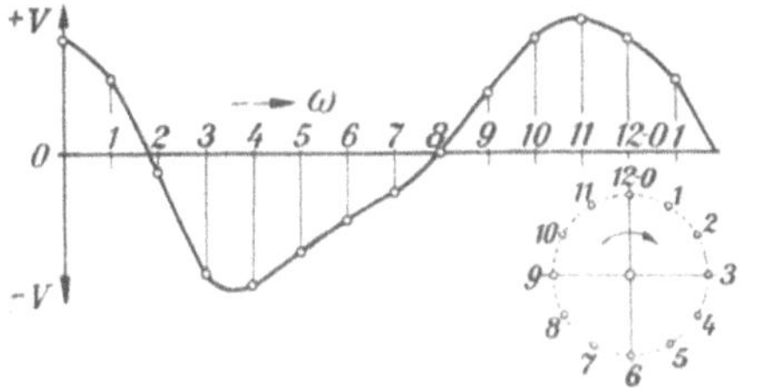

56 a. *vt*-Schaubild.

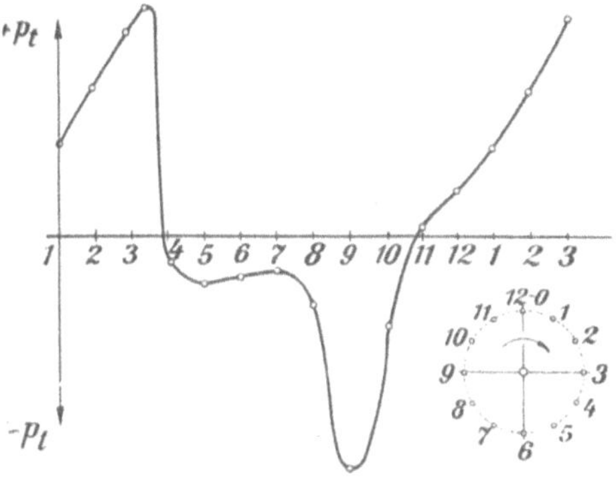

56. b $p_t t$-Schaubild.

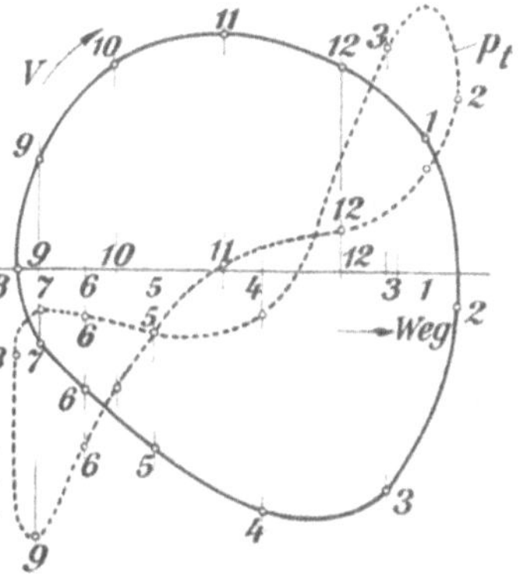

56 c. *vs*- und $p_t s$-Schaubild.

Bild 56 a—c. Geschwindigkeits- und Beschleunigungsdiagramme des Bogenschubkurbelgetriebes Bild 55.

der Schwinge ermittelt, so läßt sich auch die Beschleunigung jedes beliebigen Punktes ihrer Ebene nach den auf Seite 29 entwickelten Sätzen auffinden. Die Beschleunigung p_3 liege zum Fahrstrahl 34 unter dem Winkel α; dann liegt die Beschleunigung jedes beliebigen Punktes der Schwingebene 34 ebenfalls unter dem Winkel α zu ihrem Fahrstrahl (Bild 57). Liegt ein Punkt, z. B. B, auf der Schwingengeraden 34, so findet man die Größe von p_B durch Ziehen des Fahrstrahles 43′ und einer Parallelen zu p_3 durch B. Für einen beliebigen Punkt der

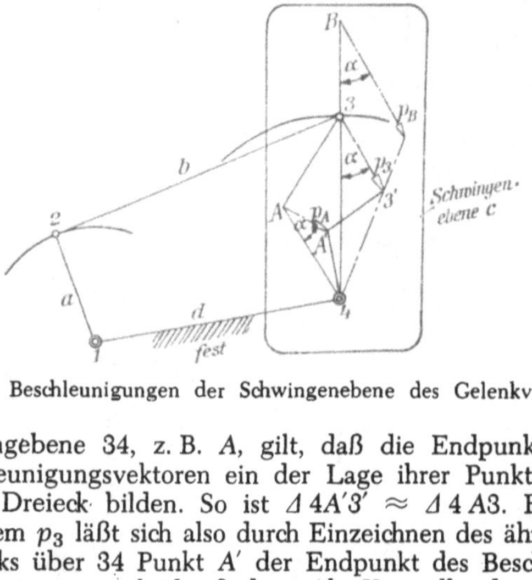

Bild 57. Beschleunigungen der Schwingenebene des Gelenkviereckes.

Schwingebene 34, z. B. A, gilt, daß die Endpunkte der Beschleunigungsvektoren ein der Lage ihrer Punkte ähnliches Dreieck bilden. So ist $\Delta\, 4A'3' \approx \Delta\, 4\,A3$. Bei gegebenem p_3 läßt sich also durch Einzeichnen des ähnlichen Dreiecks über 34 Punkt A' der Endpunkt des Beschleunigungsvektors p_A leicht finden. Als Kontrolle dient, daß der Winkel $4AA' = \alpha$ sein muß.

Die Beschleunigung eines beliebigen Punktes der Koppelebene 23 läßt sich finden (Bild 58), wenn die Beschleunigungen zweier Punkte, z. B. p_2 und p_3, bekannt sind. Zur Ermittlung der Beschleunigung eines Punktes 6 der Koppelgeraden 23 zieht man durch die Endpunkte von p_2

und p_3 die Gerade A und durch Punkt 3 und den Endpunkt von p_2 die Gerade B. Man zieht durch 6 eine Parallele zu p_2 bis zum Schnittpunkt mit B und durch diesen Punkt eine Parallele zu p_3, diese schneidet aus A die gesuchte Beschleunigung p_6 (Beweis aus der Ähnlichkeit der Dreiecke). Für einen beliebigen Koppelpunkt 8 konstruiert man über den Endpunkten der Vektoren p_2

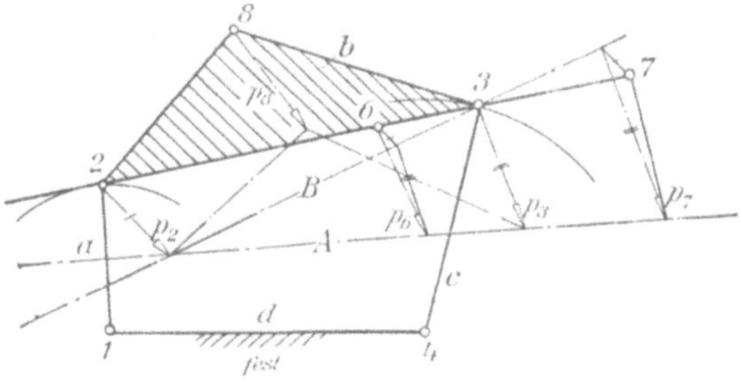

a)

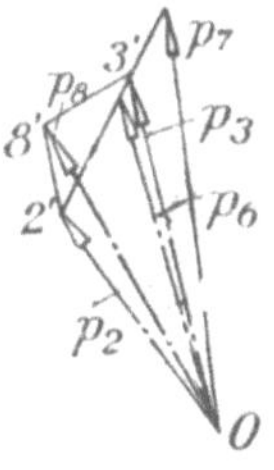

b)

Bild 58 a u. b. Beschleunigungen der Koppelebene des Gelenkviereckes.

und p_3 ein zum Dreieck 238 ähnliches Dreieck, die Spitze dieses Dreiecks ist der Endpunkt des Beschleunigungsvektors p_8. In Bild 58 b ist der Beschleunigungsplan eingetragen. Die Endpunkte der Beschleunigungen der auf der Koppelgeraden 23 liegenden Punkte liegen auf einer Geraden 2′ 3′. Für Punkt 8 gilt, daß das $\Delta\, 2'\, 3'\, 8' \approx \Delta\, 2\, 3\, 8$.

B e i s p i e l I : Das Getriebe (Bild 51 a, S. 70) ist im Maßstab 1 : 6 gezeichnet; n = 300 U/min. Der *Geschwindigkeitsmaßstab* errechnet sich aus $v_2 = 0{,}0175\ \text{m} \mathrel{\widehat{=}} a \cdot \frac{\pi \cdot n}{30} = 0{,}028 \cdot 6 \cdot \frac{\pi \cdot 300}{30}$ $= 5{,}27$ m/sek, also 1 m $\mathrel{\widehat{=}}$ 300 m/sek. Der *Beschleunigungsmaß-*

stab errechnet sich aus $p_{n2} = 0{,}0105\,\text{m} \mathrel{\widehat{=}} a \cdot \left(\frac{\pi \cdot n}{30}\right)^2 = 0{,}028 \cdot 6 \cdot \pi^2 \cdot 100 = 165\,\text{m/sek}^2$; also $1\,\text{m} \mathrel{\widehat{=}} 15700\,\text{m/sek}^2$; $v_3 = 0{,}023\,\text{m} \mathrel{\widehat{=}} 0{,}023 \cdot 300 = 6{,}9\,\text{m/sek}$; $p_3 = 0{,}028 \mathrel{\widehat{=}} 0{,}028 \cdot 15\,700 = 440\,\text{m/sek}^2$; $p_{t3} = 0{,}0255 \mathrel{\widehat{=}} 0{,}0255 \cdot 15700 \mathrel{\widehat{=}} 400\,\text{m/sek}^2$.

B e i s p i e l II: Für das Getriebe Bild 55 wurde unter Annahme einer gleichförmigen Kurbelgeschwindigkeit in Bild 56 a die Geschwindigkeit über dem Kurbelweg aufgetragen; in Bild 56 b wurde die nach der Grüblerschen Konstruktion ermittelte Beschleunigung p_t ebenfalls über dem Kurbelweg aufgetragen und in Bild 56 c über dem abgewickelten Weg des Schwingenpunktes 3 sowohl Geschwindigkeit v als auch Tangentialbeschleunigung p_t aufgetragen. Dieses Beispiel soll zeigen, daß man für bestimmte Zwecke geeignete Schaubilder zu wählen hat, d. h. entweder Auftragung über der Zeit (Bild 56 a und 56 b) oder über dem Weg (Bild 56 c) oder unmittelbar über der Bahnkurve (Bild 55).

4.3 Geradschubkurbel

Wird im Gelenkviereck (Bild 49) die Schwinge c unendlich lang, so daß Punkt 3 an Stelle einer Bewegung auf einem Kreisbogen eine Schiebung auf einer Geraden gg ausführt, so entsteht die allgemeine oder *geschränkte Geradschubkurbel* (Bestimmungsstücke: Kurbel a, Pleuelstange b, Abstand des Kurbelmittelpunktes 1 von der Gleitbahn $gg = e$, Bild 59[1])).

Wege. Die Bewegung des Schiebers 3 findet man, indem der Kurbelkreis in gleiche Teile geteilt wird; die Kreise mit der Koppellänge $l = b$ ergeben auf der Geraden gg die zugehörigen Schieberstellungen. Durch den Abstand e ergibt sich annäherungsweise ein Hub

$$h = \sqrt{(b+a)^2 - e^2} - \sqrt{(b-a)^2 - e^2} \tag{20}$$

$$\approx 2\,a \left[1 + \frac{e^2}{2\,(b^2 - a^2)}\right], \tag{20a}$$

der etwas größer als $2\,a$ ist. Der Vorwärts- und Rückwärtshub werden unter verschiedenen Kurbelwinkeln, d. h. in verschiedenen Zeiten zurückgelegt.

1) Die Kurbel a dreht sich in den Bildern 59 bis 63 im Uhrzeigersinne.

Geschwindigkeiten. Gegeben sei die Geschwindigkeit $v_2^\rceil$ des Punktes 2 der Kurbel *a*. Durch den Endpunkt von $v_2^\rceil$ zieht man eine Parallele zu 23, diese schneidet auf dem Lot zu gg durch 3 die *Gleitbahngeschwindigkeit* $v_3^\rceil$ ab. Die Parallele zu *a* durch den Endpunkt von $v_3^\rceil$ schneidet auf der Verlängerung von $\overline{23}$ die Geschwindigkeit $v_{32}^\rceil$ ab.

Beschleunigungen. Punkt 3 wird auf der Gleitbahn geführt, infolgedessen hat er keine Normalbeschleunigung,

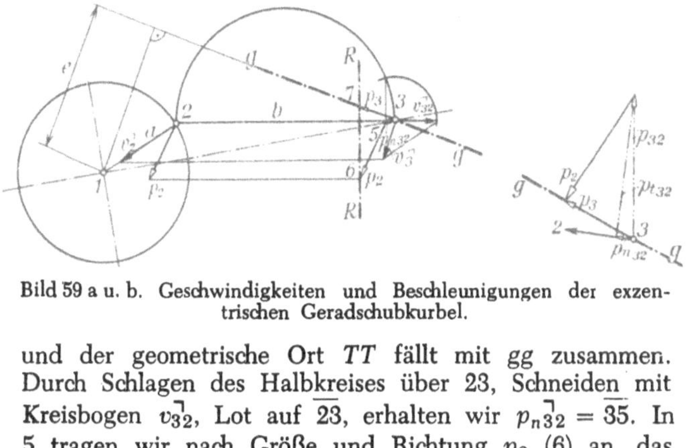

Bild 59 a u. b. Geschwindigkeiten und Beschleunigungen der exzentrischen Geradschubkurbel.

und der geometrische Ort *TT* fällt mit gg zusammen. Durch Schlagen des Halbkreises über 23, Schneiden mit Kreisbogen $v_{32}^\rceil$, Lot auf $\overline{23}$, erhalten wir $p_{n32}^\rceil = \overline{35}$. In 5 tragen wir nach Größe und Richtung p_2 (6) an, das Lot in 6 auf $\overline{23}$ gibt *RR*, der Schnittpunkt 7 mit gg ergibt bereits die Beschleunigung p_3 (*Kreuzkopfbeschleunigung*).

Bei Pleuelstangen großer Länge empfiehlt es sich, die Konstruktion der Geschwindigkeiten und Beschleunigungen nach Punkt 2 zu verlegen, damit keine so langen Parallelen zu ziehen sind, die u. U. wesentliche Ungenauigkeiten erzeugen können. Es handelt sich um die gleiche Konstruktion, wobei man sogar noch einige Hilfslinien erspart; sie ist in Bild 60 durchgeführt. Durch den Endpunkt $v_2^{\urcorner}$ zieht man eine Senkrechte zu gg und erhält $v_{32}^{\urcorner}$ auf der Verlängerung von $\overline{23}$. Den Halbkreis über 23 bringt man zum Schnitt mit dem Kreisbogen $v_{32}^{\urcorner}$ um 2, errichtet die Senkrechte zu $\overline{23}$, dies ist bereits der geometrische Ort SS für den Endpunkt p_3. Man zieht noch die Parallele durch den Endpunkt 6 von p_2 zu gg und erhält in $56 = p_3$ nach Größe und Richtung.

Sonderfall. $\omega =$ konst.; $\varepsilon = 0$. Für den Sonderfall der mit gleichbleibender Winkelgeschwindigkeit umlaufenden

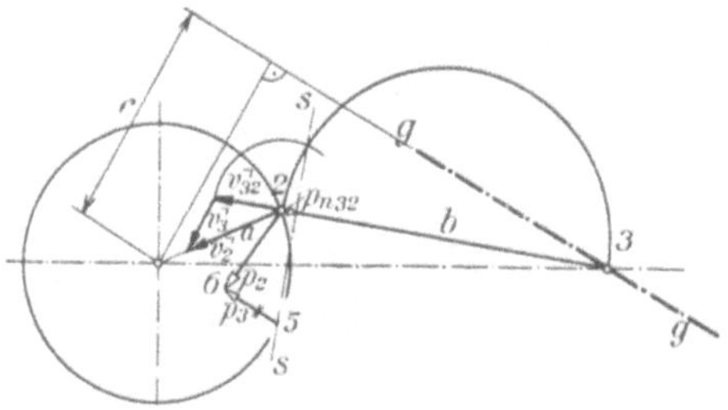

Bild 60. Ermittelung der Geschwindigkeiten und Beschleunigungen am Kurbelende.

Kurbel vereinfacht sich die Konstruktion, indem man wieder $v_2^{\urcorner} = \overline{21}$ und ebenfalls $p_2 = \overline{21}$ wählt. Die Konstruktion ist sonst die gleiche (Bild 61).

Durch besondere Einfachheit zeichnet sich die *Mohr*sche Konstruktion (Bild 62) aus. Diese ist ebenfalls nach Punkt 2 verlegt und ist dadurch besonders für große Pleuelstangenlängen b geeignet, weil die Halbkreiskonstruktion (Bild 59—61) vermieden ist.

Man verlängert die Pleuelstangenrichtung 32 bis zum Schnittpunkt 5 mit der Senkrechten auf gg im Punkt 1. Dann zieht man die Parallele zu 13 durch 5 bis zum Schnittpunkt 6 mit der Verlängerung $\overline{12}$, durch 6 zieht man die Parallele zu 15 bis zum Schnittpunkt 7 mit $\overline{23}$. In 7 errichtet man das Lot auf $\overline{23}$ und bringt es zum Schnitt mit der Parallelen zu gg (Punkt 8). $\overline{81}$ ist der

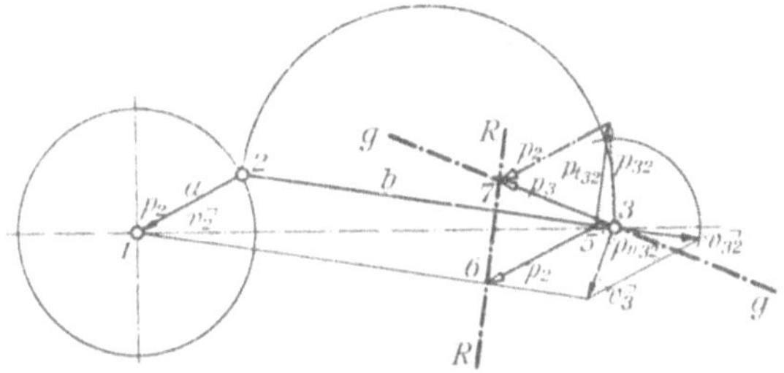

Bild 61. Exzentrische Geradschubkurbel, Kurbel läuft gleichförmig um.

Größe und Richtung nach p_3, die Beschleunigung des Punktes 3. Aus der Ähnlichkeit der Dreiecke folgt, daß $\overline{27} = \frac{\overline{25}^2}{\overline{23}} = \frac{v_{32}^2}{b} = p_{n32}$; die weitere Konstruktion entspricht der nach Bild 60.

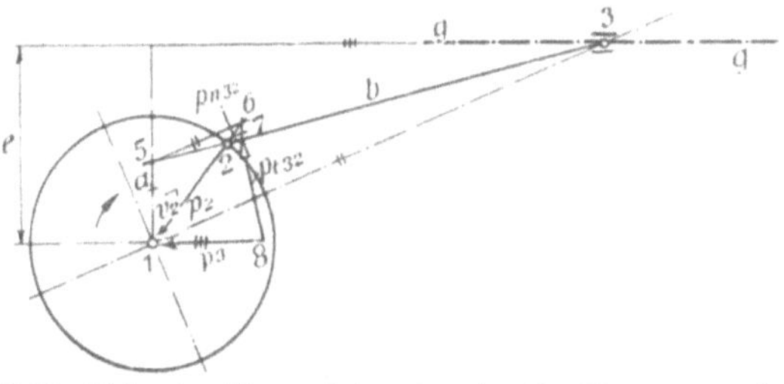

Bild 62. Mohrsche Konstruktion für die Beschleunigung der exzentrischen Geradschubkurbel.

Geschwindigkeiten und *Beschleunigungen* beliebiger Punkte der Pleuelstange b werden nach dem auf Seite 78 dargelegten Verfahren ermittelt.

Zentrische Geradschubkurbel. Fällt die Schubrichtung gg in die Verbindungslinie $\overline{13}$, so nennt man das Getriebe *zentrische Geradschubkurbel*, Abstand e wird = 0. Die Bewegung des Schiebers 3 findet man, indem der Kurbelkreis in gleiche Teile geteilt wird, die Kreise mit der Koppellänge $l = b$ ergeben auf der Geraden gg die zugehörigen Schieberstellungen. Der Gesamthub ist $2\,a$. Aus diesem Grunde wird auch vielfach das Schieberdiagramm nach Punkt 1 verlegt. Man schlägt um Punkt 3 einen Kreisbogen durch 2 mit b; der Schnittpunkt auf 13 = gg gibt im Abstand 18 den Schieberweg. Die Geschwindig-

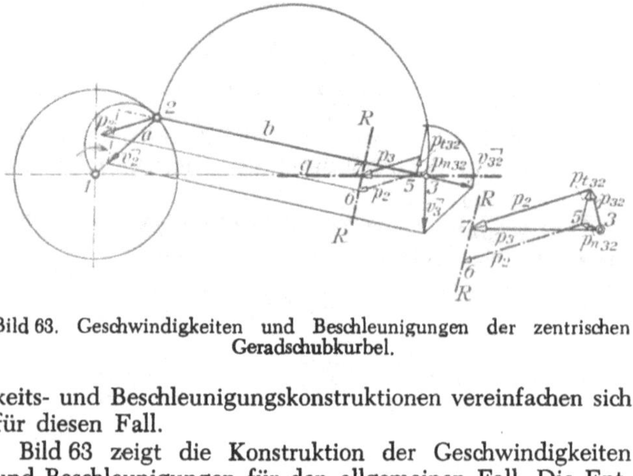

Bild 63. Geschwindigkeiten und Beschleunigungen der zentrischen Geradschubkurbel.

keits- und Beschleunigungskonstruktionen vereinfachen sich für diesen Fall.

Bild 63 zeigt die Konstruktion der Geschwindigkeiten und Beschleunigungen für den allgemeinen Fall. Die Entwicklung ist die gleiche, wie in Bild 59 gezeigt (s. S. 81).

Die *Mohr*sche Konstruktion ist ebenfalls anwendbar, sie vereinfacht sich dadurch, daß $15 \perp 13$.

Sonderfall. Für den Sonderfall der mit gleichbleibender Winkelgeschwindigkeit umlaufenden Kurbel vereinfacht sich die Konstruktion, indem man wieder $v_2^{\urcorner} = 21 = a$ und ebenfalls $p_2 = \overline{21}$ wählt. Die Konstruktion ist sonst die gleiche wie in Bild 64[1]). Neben der Kreisbogenkonstruktion ist auch die nach *Mohr* eingetragen.

Beschleunigungen in den Umkehrlagen (Bild 65). In den Umkehrlagen treten beim zentrischen Geradschub-

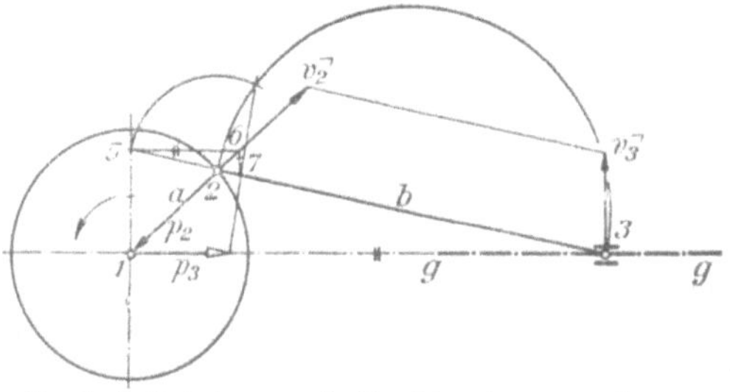

Bild 64. Geschwindigkeiten und Beschleunigungen der zentrischen Geradschubkurbel, Kreisbogen- und Mohrsche-Konstruktion.

kurbelgetriebe die größten Beschleunigungen auf. Die Umkehrpunkte 3′ und 3″ haben die Geschwindigkeiten $v_3 = 0$. Deshalb ist die Relativgeschwindigkeit $v_{32} = -v_2$.

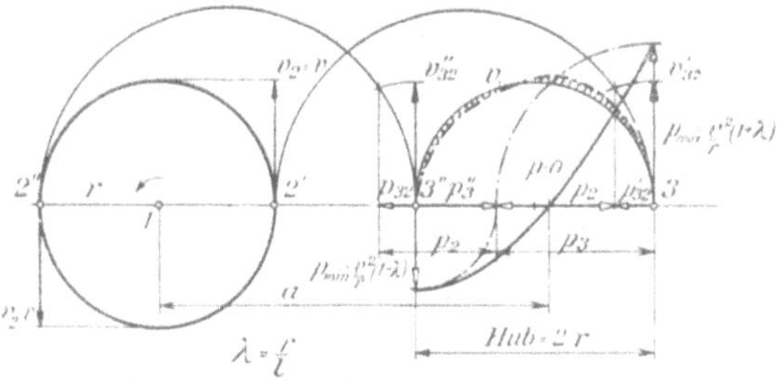

Bild 65. Beschleunigungen in den Umkehrstellungen und Beschleunigungsverlauf der Geradschubkurbel.

Die Beschleunigung der Punkte 3′ und 3″ setzt sich aus der Normalbeschleunigung $p_2 = \frac{v^2}{r}$ und der Normal-

---

1) Die Kurbel *a* dreht sich in Bild 64 entgegengesetzt dem Uhrzeigersinne.

beschleunigung der Pleuelstange $b = l$: $p_{32} = p_{n32} = \frac{v^2}{l}$ zusammen (Bild 65, graphisch durch Halbkreis über $\overline{23}$, Kreisbogen mit v_{32} und Lot auf $\overline{23}$ durch den Schnittpunkt zu ermitteln). Für den rechten Umkehrpunkt 3′ ist

$$p_3' = -(p_2' - p_{32}') = -\frac{v^2}{r}\left(1 - \frac{r}{l}\right),$$

für den linken Umkehrpunkt

$$p_3'' = p_2'' + p_{32}'' = \frac{v^2}{r}\left(1 + \frac{r}{l}\right).$$

Die Größen werden graphisch leicht auf der Verbindungslinie 13 gefunden. Mit diesen beiden Werten und dem Abstand[1]) $a = \sqrt{r^2 + l^2}$ für $p = 0$ und v_{max} sowie einigen Zwischenwerten läßt sich das p/s-Schaubild leicht aufzeichnen[2]). Der Punkt $p = 0$ kennzeichnet gleichzeitig $v_{3\,max}$.

4.4 Kurbelschleifen

Macht man die Kurbel a des Geradschubkurbelgetriebes zum Gestell, so entsteht die *umlaufende Kurbelschleife*. Der Gleitstein c führt bei einer Drehung des jetzt als Kurbel dienenden Gliedes b im Schieber oder der Kulisse d eine hin und her gehende Bewegung aus.

Geschwindigkeiten. Bild 66 zeigt die Geschwindigkeiten in ihrer wirklichen Lage. $v_3 \perp \overline{32}$ ist die Geschwindigkeit des Punktes 3. Senkrecht zu $\overline{13}$ ergibt sich die Geschwindigkeit v_c des augenblicklich mit 3 zusammenfallenden Punktes C der Kurbelschleife d. Die Ver-

---

1) Diese Beziehung ist nur annäherungsweise. Siehe auch Meyer zur Capellen, Größt- und Kleinstwerte von Geschwindigkeit und Beschleunigung bei der Geradschubkurbel, Maschinenbau/Betrieb Bd. 16. 1937. S. 529.

2) Es wird auch vorgeschlagen, die Beschleunigungskurve durch eine Parabel zu ersetzen, wenn die beiden Endpunkte (größte und kleinste Beschleunigung) gegeben sind. Die Verbindungslinie schneidet die Achse der Gleitbahn im Punkte F, und das Lot $EF = 3\lambda r\omega^2$ bestimmt den Scheitelpunkt der Parabel, die mittels Korbbogenkonstruktion eingezeichnet wird.

bindungslinie der beiden Endpunkte v_3 und $v_{c'}$ parallel zur Schubrichtung gg, ergibt die Relativgeschwindigkeit v_r der Gleitsteinbewegung $v_r = v_3 + \rightarrow v_c$. Mit $v_c = \overline{13} \cdot \operatorname{tg} \varphi_d = \overline{13} \cdot \omega_d$ kennen wir die Winkelgeschwindigkeit der Kurbelschleife d um 1. Durch Drehen um 90° in Richtung des Uhrzeigersinnes ergeben sich die gedrehten Geschwindigkeiten $v_3^\urcorner$, $v_r^\urcorner$ und $v_c^\urcorner$.

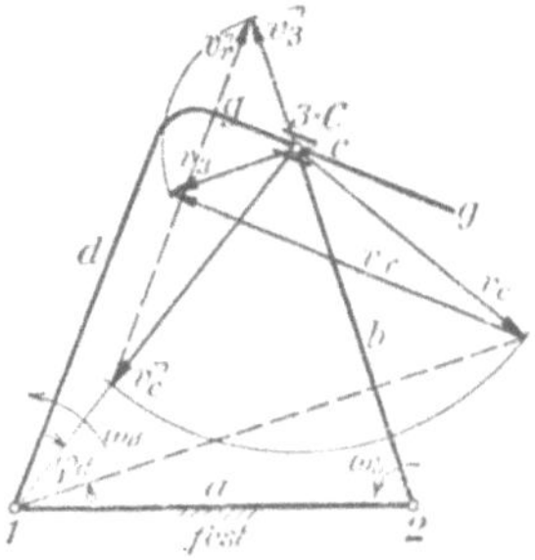

Bild 66. Geschwindigkeiten der umlaufenden Kurbelschleife (exzentrisch).

Beschleunigungen. Ist die Beschleunigung p_3 des Punktes 3 nach Lage und Richtung gegeben, so kann die Beschleunigung für die mit ihm zusammenfallenden Punkte des Gleitsteins C und der Schleifkurbel oder Schleife d zerlegt werden (Bild 67) in

1. die Beschleunigung p_r des Gleitstücks c gegenüber der Kurbelschleife d; sie fällt in die Richtung der Schleifkurbel.
2. Die Beschleunigung des mit 3 zusammenfallenden Punktes C der Schleifkurbel gegen das Gestellglied; sie zerlegt sich in die beiden rechtwinkligen Komponenten, $\overline{13} \cdot \omega_d^2$ = Normalbeschleunigung p_{nc}; [sie läßt sich aus $v_c = \overline{13} \cdot \omega_d$ graphisch nach Größe und Richtung ermitteln (Richtung 13)] und $\overline{13} \cdot \varepsilon_d$ = Tangentialbeschleunigung p_{tc}.
3. Zusatz- oder Coriolisbeschleunigung von der Größe $2\, v_r \cdot \omega_d$ senkrecht zur wirklichen Richtung v_r, also parallel zu $v_r^\urcorner$ im gleichen Sinne zeigend.

Die Normalbeschleunigung $p_{nc} = \overline{13} \cdot \omega_d^2$ wird zuerst durch Schlagen des Halbkreises über 13, Schneiden mit $v_c^\urcorner = \overline{13} \cdot \omega_d$, Loten des Schnittpunktes auf 31 gefunden

(4); $\overline{34} = p_{nc}$ ist die Normalbeschleunigung des mit 3 zusammenfallenden Punktes C der Kurbelschwinge *d*. Die Tangentialbeschleunigung ist nur der Richtung nach bekannt, wir müssen deshalb vorerst die Zusatzbeschleuni-

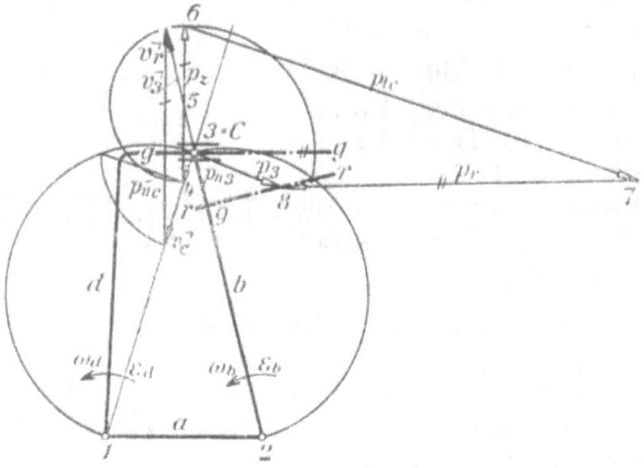

a

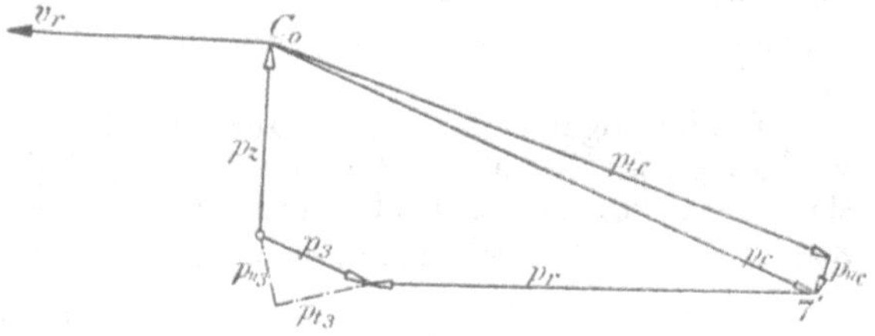

b

Bild 67 a u. b. Beschleunigungen der umlaufenden Kurbelschleife (exzentrisch).

gung p_z ermitteln. Diese ist parallel zu $v_r^\urcorner$ und hat die Größe von $2\,v_r \cdot \omega_d$. Wir finden sie graphisch, indem wir durch 4 eine Parallele zu $v_r^\urcorner$ ziehen und zum Schnitt (5) mit der Verlängerung von $\overline{23}$ bringen. Wir machen dann $\overline{56} = \overline{45}$ und erhalten mit $\overline{46}$ nach Größe und Richtung p_z.

Durch 6 ziehen wir eine Senkrechte durch $\overline{13}$ und durch den Endpunkt der gegebenen Beschleunigung p_3 eine Parallele zur Schubrichtung gg; der Schnittpunkt 7 ergibt p_{tc}, die Tangentialkomponente von p_c und p_r die Relativbeschleunigung des Gleitsteins c in der Kurbelschleife d. In Bild 67b ist das Beschleunigungsbild anschaulicher herausgezeichnet.

Das gleiche Getriebe kann auch durch die Kurbelschleife d angetrieben werden; dann sind ω_d und ε_d bekannt; gesucht wird p_3 und p_r. Aus dem Bild der gedrehten Geschwindigkeiten erhalten wir, da $v_c^{\urcorner} = \overline{13} \cdot \omega_d$ bekannt ist, $v_3^{\urcorner}$ und $v_r^{\urcorner}$. Die gegebene Beschleunigung p_c zerlegen wir in p_{nc} und p_{tc}; aus $p_{nc} = \overline{13}\ \omega_d$ ermitteln wir wie oben $p_z = 2 \cdot v_r \cdot \omega_d$, tragen p_{tc} an den Endpunkt von p_z an und erhalten wie oben Punkt 7. Durch Schlagen des Halbkreises über $\overline{32}$ und Schneiden mit dem Kreisbogen $v_3^{\urcorner}$ um 3, Herabloten des Schnittpunktes auf $\overline{32}$ erhalten wir in 9 den Endpunkt von p_3. Durch Ziehen einer Parallele durch 7 zu gg erhalten wir p_r und p_3.

Erfolgt der Antrieb mit gleichbleibender Winkelgeschwindigkeit ω_b, dann wählt man wie beim Gelenkviereck $v_3^{\urcorner} = b$ und damit $p_{n3} = b = \overline{23}$, hierdurch vereinfacht sich die Konstruktion etwas. Beim Antrieb der Kurbelschwinge d ist diese Vereinfachung nicht möglich, da die Entfernung $\overline{13}$ veränderlich ist.

Sonderfälle. Ein häufiger Sonderfall tritt dann ein, wenn die Gerade gg durch den Drehpunkt 1 geht (entspricht der zentrischen Geradschubkurbel). Man kann die gleiche Konstruktion, wie sie auf Seite 87 angegeben wurde, anwenden. Die Tangentialbeschleunigung p_{tc} des Punktes C und die Coriolisbeschleunigung p_z fallen hier in die gleiche Richtung. Gegeben sind $v_3^{\urcorner}$ und p_3, wobei

$$p_{n3} = \frac{v_3^2}{b}$$

Durch Fällen des Lotes auf gg erhalten wir $v_r^{\urcorner}$ senkrecht zu gg und $v_c^{\urcorner}$ in Richtung gg. Durch Schlagen des Halbkreises über $\overline{13}$ und Schlagen des Kreisbogens $v_c^{\urcorner}$ um 3,

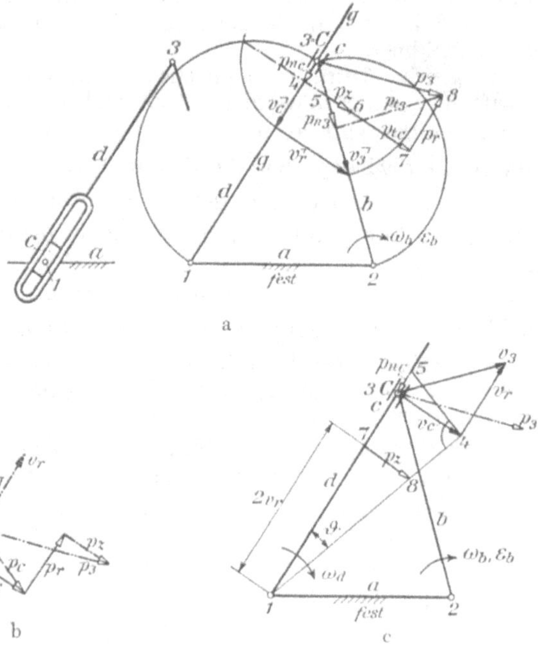

Bild 68 a—c. Geschwindigkeiten und Beschleunigungen der zentrischen Kurbelschleife.

Loten des Schnittpunktes auf gg erhalten wir $\overline{34} = p_{nc}$. Wir machen dann $\overline{56} = \overline{45}$ und erhalten in $\overline{46} = p_z$ die Zusatzbeschleunigung. Wir verlängern $\overline{46}$ und ziehen durch den Endpunkt 8 von p_3 eine Parallele zu gg, $\overline{67} = p_{ct}$

und senkrecht dazu $\overline{78} = p_r$. Im nebenstehenden Beschleunigungsbild (Bild 68 b) ist die Lage der Beschleunigungen übersichtlich eingetragen.

Eine von der obigen etwas abweichende Konstruktion (Bild 68 c) zeichnet sich durch weniger Linien in der eigentlichen Getriebezeichnung aus. Man arbeitet hier mit den wirklichen Geschwindigkeiten (s. Bild 66, Seite 87). Senkrecht zu $\overline{23}$ liegt v_3, senkrecht zu gg der Geschwindigkeitsvektor des augenblicklich mit 3 zusammenfallenden Punktes C ($v_c = \overline{34}$), zwischen v_3 und v_c liegt die Relativgeschwindigkeit v_r des Gleitsteines. Wir verbinden 4 mit 1 und errichten auf der Verbindungslinie das Lot, das die Verlängerung 13 in 5 schneidet. 53 ist dann nach dem Höhensatz $p_{nc} = \frac{v_c^2}{13}$, dann tragen wir von 1 auf $\overline{13}$ die Strecke $2 \cdot v_r$ ab (7) und ziehen eine Parallele zu 34 durch 7, $78 = p_z = 2\, v_r \cdot \omega_d$, die Zusatzbeschleunigung.

Die weitere Konstruktion wird im Beschleunigungsbild (Bild 68 b) durchgeführt. Man trägt in C_0 p_{nc} und p_3 an, fügt p_z im Endpunkt von p_3 an, errichtet im Endpunkt von p_{nc} das Lot und bringt dieses zum Schnitt mit einer Parallelen durch den anderen Endpunkt von p_z. Für den Fall, daß ω_b = konst., läßt sich die Konstruktion dadurch vereinfachen, daß man $v_3 = \overline{32} = b$ und ebenfalls $p_{n3} = p_3 = b$ macht. Bei Antrieb der Kurbelschleife d wird das gleiche Verfahren sinngemäß angewendet.

Die Geschwindigkeits- und Beschleunigungsverhältnisse sind die gleichen, wenn man die Gleitbahn von Punkt 3 nach Punkt 1 verlegt (Bild 69).

Es ist erforderlich, das Getriebe in verschiedenen Stellungen zu untersuchen, um einen Überblick über den Bewegungsverlauf zu erhalten. Ausgewählte Stellungen sind

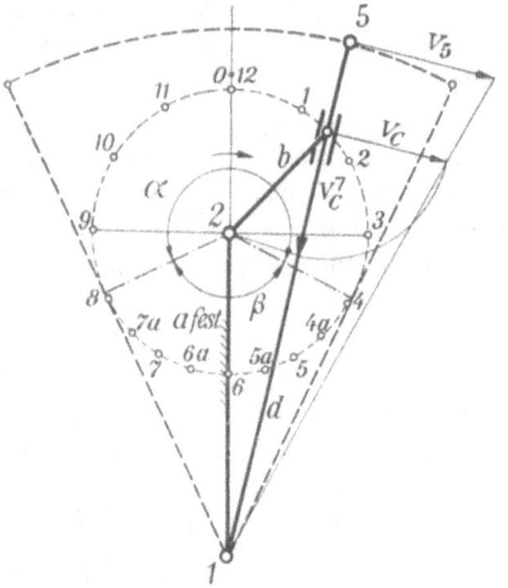

Bild 69. Geschwindigkeiten der schwingenden Kurbelschleife zum Antrieb einer Shapingmaschine.

die Umkehrlagen der Kurbelschleife d. Hier ist die Zusatzbeschleunigung $p_z = 0$, andererseits hat die Tangentialbeschleunigung p_{tc} ihre Höchstwerte. Die Konstruktion ist die gleiche wie für die Umkehrlagen des Gelenkvierecks (Bild 53, Seite 73), Schwinge c in Bild 53 wird hier Schwinge d. Die Beschleunigungen für Zwischenstellungen lassen sich auch hier nach der Grüblerschen Konstruktion (Bild 55, Seite 76) ermitteln.

Beispiel: Bild 69 zeigt eine Kurbelschleife, wie sie an *Shapingmaschinen* (Waagerechtstoßmaschinen) angewandt wird. Die Kurbel b läuft mit gleichförmiger Geschwindigkeit um und erteilt der Schwinge d eine ungleichförmige Bewegung, die vom Gelenk 5 auf den Schlitten durch ein weiteres Gelenk oder einen Gleitstein übertragen wird. Die Geschwindigkeit des Punktes 5 ist zu ermitteln. Nach dem Vorbehandelten wählen wir die senkrechte Geschwindigkeit $v_3^{\urcorner}$ gleich der Kurbellänge b, der mit 3 zusammenfallende Punkt C der Schwinge d hat die Geschwindigkeit $v_c^{\urcorner}$, deren Endpunkt durch Fällen des Lotes von 2 auf d erhalten wird. Wir drehen $v_c^{\urcorner}$ um 90° in seine richtige Lage und verbinden den Endpunkt von v_c mit 1, die Senkrechte in 5 wird zum Schnitt mit $\overline{1\,v_c}$ gebracht und liefert v_5. Wir teilen den Kurbelkreis von b beispielsweise in 12 gleiche Teile und ermitteln für jeden Punkt v_5 wie beschrieben; wegen der Symmetrie des Getriebes werden nur die Geschwindigkeiten von 0 bis 6 ermittelt. Man erkennt auch, daß für den unteren Quadranten des Kurbelkreises nicht genügend Punkte vorliegen, infolgedessen sind hier die Stellungen für die Punkte 4a, 5a usw. zusätzlich zu untersuchen.

Das Geschwindigkeitsdiagramm kann ähnlich wie in Bild 55 unmittelbar über der Bahn des Punktes 5 aufgetragen werden oder ist in einem besonderen Schaubild Bild 70 aufzuzeichnen. Man erkennt, daß der Vor-

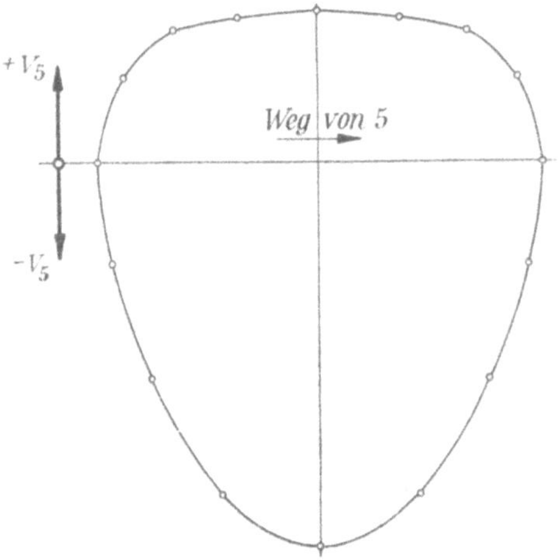

Bild 70. vs-Schaubild der schwingenden Kurbelschleife (Bild 69).

wärtshub mit nahezu gleichförmiger Geschwindigkeit erfolgt, und daß der Rückhub mit wesentlich höherer Geschwindigkeit zurückgelegt wird. Dies kann auch unmittelbar aus Bild 69 ersehen werden, da zum Vorwärtshub die Kurbel den Winkel α und zum Rückhub den Winkel β zu beschreiben hat, mit $\sin \beta/2 = \frac{b}{a}$ und $\alpha + \beta = 360°$.

Wird die Kurbel $\overline{12} = b$ unendlich lang, so entsteht das als **Winkelschleife** bezeichnete Getriebe (Bild 71, es spielt als Ersatzgetriebe für Kurvenscheiben mit gerader Gleitbahn eine Rolle). Die Ermittlung der Geschwindigkeiten und Beschleunigungen ist die gleiche wie bei der umlaufenden Kurbelschleife. Die Beschleunigung p_3 fällt in die Schubrichtung cc, da die Normalbeschleunigung $p_{nc} = 0$ wird. Sonst ist die Konstruktion der Beschleunigung die gleiche, wie sie bei der Kurbelschleife durchgeführt wurde (s. S. 88, Bild 67).

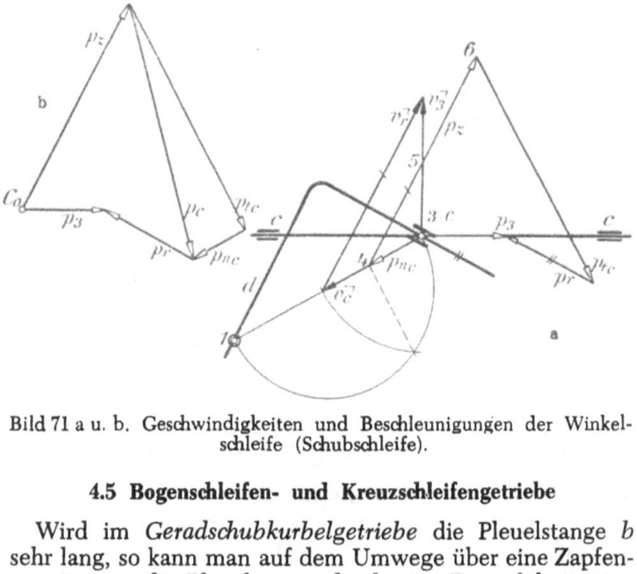

Bild 71 a u. b. Geschwindigkeiten und Beschleunigungen der Winkelschleife (Schubschleife).

4.5 Bogenschleifen- und Kreuzschleifengetriebe

Wird im *Geradschubkurbelgetriebe* die Pleuelstange b sehr lang, so kann man auf dem Umwege über eine Zapfenerweiterung die Pleuelstange durch eine Bogenführung ersetzen. Wir können deshalb bei dem Getriebe in Bild 72 die Geschwindigkeiten und Beschleunigungen auf die gleiche Art ermitteln wie beim Geradschubkurbelgetriebe. Die im folgenden beschriebene Konstruktion berücksichtigt die Relativbewegung des Bogengleitsteines. v_2 ist die senkrecht zum Kurbelhalbmesser a liegende Geschwindigkeit des Kurbelpunktes 2, sie zerlegt sich in die Relativgeschwindigkeit v_r, d. h. die Geschwindigkeit des zum Gleitstein ausgebildeten Gliedes c; sie fällt in die Richtung der Tangente des jeweiligen Punktes 2 der Bogenführung. Parallel zur Gleitbahn liegt die Geschwindigkeit v_c des Gliedes c:

$$v_2 = v_r \mathbin{+\!\!\!\rightarrow} v_c \,.$$

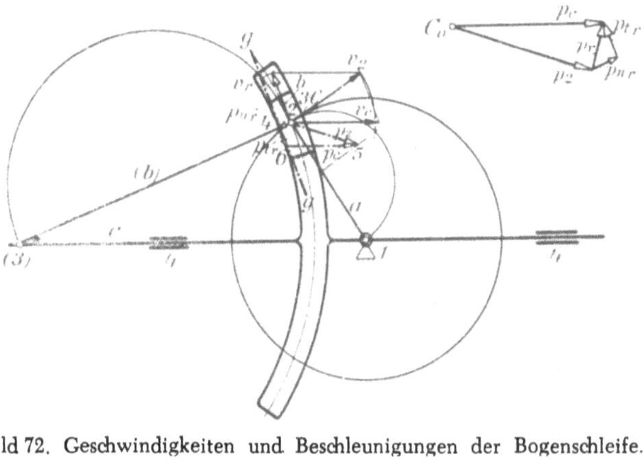

Bild 72. Geschwindigkeiten und Beschleunigungen der Bogenschleife.

Gegeben ist ferner die Beschleunigung p_2 des Punktes 2. Die Zusatzbeschleunigung p_z fällt bei diesem Getriebe weg. Wir finden durch Schlagen des Halbkreises über $\overline{(3)\;2}$ und Schneiden mit dem Halbkreis v_r um 2, Loten des Schnittpunktes auf $\overline{(3)\;2}$ den geometrischen Ort gg. Durch den Endpunkt 5 von p_2 ziehen wir eine Parallele zur Gleitbahn 44 und finden im Schnittpunkt 6 mit gg in $\overline{65} = p_c$ die Beschleunigung des Gliedes c. In Bild 72 ist das Beschleunigungsbild besonders herausgezeichnet:

$$p_c = p_2 \mathbin{+\!\!\!\rightarrow} p_{nr} \mathbin{+\!\!\!\rightarrow} p_{tr} \,.$$

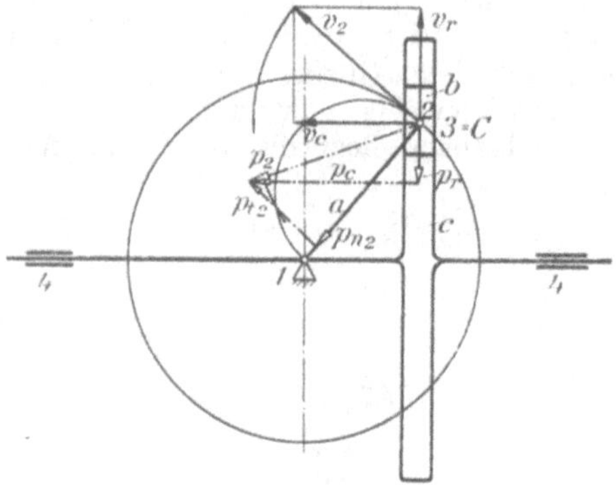

Bild 73. Geschwindigkeiten und Beschleunigungen der Kreuzschleife.

Rückt der Mittelpunkt der Bogenschleife ins Unendliche, so entsteht das *Kreuzschleifengetriebe* mit 2 Gerad(Prismen)führungen (Bild 73). Die Komponente $p_{n\,r}$ wird wegen $\frac{v_r^2}{\infty} = 0$, und p_r fällt in Gleitbahnrichtung 2.

Wir finden v_2 senkrecht $\overline{12}$, v_r fällt in Gleitbahnrichtung 2, v_c in Gleitbahnrichtung 4. p_2 zerlegt sich in p_r in Gleitbahnrichtung 2 und p_c in Gleitbahnrichtung 4.

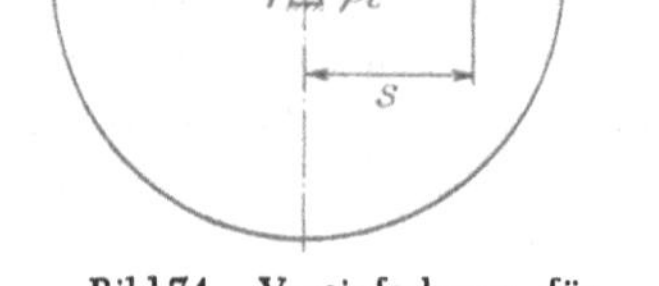

Bild 74. Vereinfachung für ω = konst.

Ist die Winkelgeschwindigkeit ω_a = konst., dann wählt man $v_2 = \overline{12} = a$ (Bild 74) und erhält ebenfalls $p_2 = \overline{12} = a$. Es ist dann $v_r = a \cdot \cos \alpha$; $v_c^{\urcorner} = a \cdot \sin \alpha$; und ebenso $p_c = a \cdot \cos \alpha$; $p_r = a \cdot \sin \alpha$, wobei der zurückgelegte Weg $s = a \cdot \cos \alpha$ ist. Die Wege, Geschwindigkeiten und Beschleunigungen über der Zeit (Drehwinkel) aufgetragen, ergeben Sinusschwingungen mit einer Phasenverschiebung von 90°.

5. Geschwindigkeiten und Beschleunigungen von Kurvengetrieben

Die Geschwindigkeiten und Beschleunigungen von bereits ausgeführten Kurvengetrieben, deren Kurvenverlauf keiner erkennbaren Gesetzmäßigkeit folgt, werden am zweckmäßigsten auf graphischem Wege ermittelt.

5.1 Kurvenschub mit ablaufender Rolle

Zur gegebenen Kurvenbahn K (Bild 75) wird durch Schlagen von Kreisbogen mit dem Rollenhalbmesser die Mittelpunktsbahn K_{sp}, d. h. die Bahn des Rollenmittelpunktes als Hüllkurve ermittelt. Wir legen an die Kurve K_{sp} die Tangente und finden so die Kurvennormale n. Mit Hilfe der bekannten Geschwindigkeiten v_a der Schubkurve finden wir die Geschwindigkeit v_b des durch den Kurvenschub betätigten Schiebers.

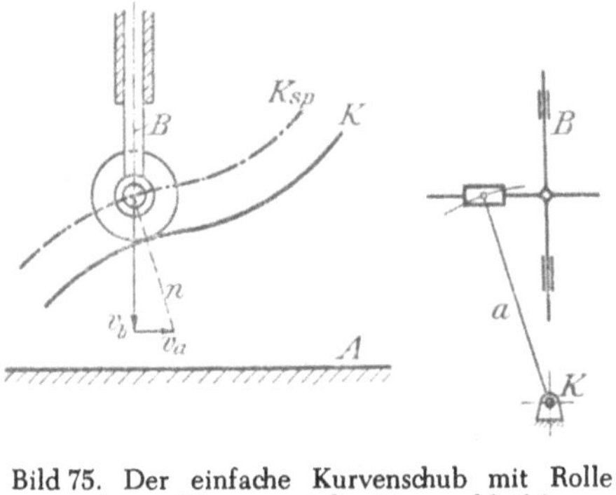

Bild 75. Der einfache Kurvenschub mit Rolle und sein Ersatzgetriebe (Kreuzschleife).

Die Beschleunigung des Schiebers ermittelt man entweder durch Aufzeichnen des sv-Schaubildes und Konstruktion der Subnormalen (s. Abschnitt 1.1, Seite 13) oder durch Ersetzen des Kurvengetriebes durch ein entsprechendes Kurbelgetriebe. Gerade Abschnitte der Kurve K_{sp} sind beschleunigungsfrei. Gekrümmte Abschnitte lassen sich beim Schieber durch ein Kreuzschleifengetriebe, beim Schwinghebel durch ein exzentrisches Schubkurbelgetriebe ersetzen. Man ermittelt dann nach Abschnitt 4.5 und 4.3 die Beschleunigungen (der Einfachheit halber auch die Geschwindigkeiten) dieser Ersatzgetriebe.

5.2 Kurvenscheiben mit ablaufender Rolle

Zur gegebenen Kurvenbahn wird durch Schlagen von Kreisbogen mit dem Rollenhalbmesser die *Mittelpunktsbahn* K_{sp}, d. h. die Bahn des Rollenmittelpunktes, als Hüllkurve ermittelt. Man versucht nun, diese Bahn annäherungsweise durch Stücke aus Kreisbogen und Geraden zu ersetzen. Hat die Kurve einen stetigen Verlauf, so werden die Krümmungsmittelpunkte auf einer Kurve liegen, der Evolute der ursprünglichen Kurve (Bild 76). Ist die ursprüngliche Kurve, wie dies vielfach bei Nocken von Verbrennungsmotoren der Fall ist, selbst aus Kreisbögen zusammengesetzt (s. Abschnitt 4.7, Seite 151), so sind deren *Krümmungsmittelpunkte* ebenfalls die der Mittelpunktsbahn. Abschnitte von Geraden haben die gleiche Länge auf der Kurve und auf der Mittelpunktsbahn.

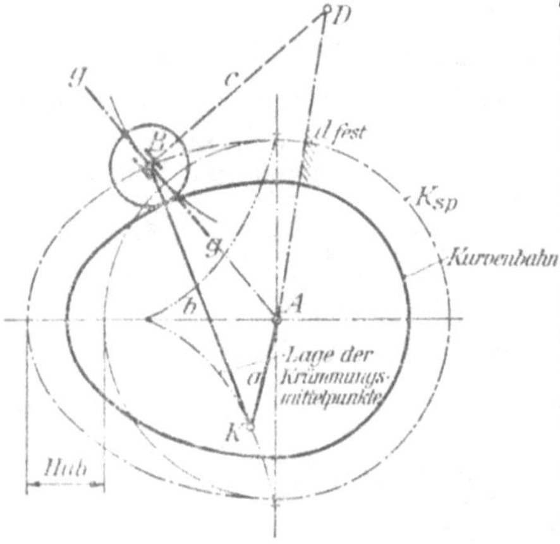

Bild 76. Kurvenscheibe mit Hubschwinge und Rolle.

Hub. Den gesamten Umfang der Mittelpunktsbahn unterteilen wir vorerst in Ruhe- und Bewegungsabschnitte.

Die Ruheabschnitte sind konzentrische Kreise um den Mittelpunkt A der Kurvenscheibe, in diesen Punkten führt der Schieber oder Hebel keine Bewegung aus. Geschwindigkeiten und Beschleunigungen sind also an diesen Stellen gleich 0. Die jeweiligen Bewegungsabschnitte, von denen mehrere nacheinander angeordnet sein können und die im allgemeinen durch Ruheabschnitte (konzentrische Kreise) voneinander getrennt sind, werden, bezogen auf einen Grundkreis, in eine Anzahl gleicher Teile geteilt. Die radiale Entfernung des jeweiligen Teilpunktes von der Mittelpunktsbahn ist der Hub h, der den Schieber oder Hebel zurückgelegt hat.

Geschwindigkeiten und Beschleunigungen. Zur Ermittlung der Geschwindigkeiten und Beschleunigungen ist näher auf die Kurvenform einzugehen (Bild 76).

Zur Stellung B des Rollenmittelpunktes gehört der Krümmungsmittelpunkt K. Je nach Form der Kurve bewegt sich Punkt B ein kürzeres oder längeres Stück auf einem Kreisbogen um Punkt K mit Halbmesser b. Wir können uns deshalb das Getriebe ersetzt denken durch eine Kurbel $a = \overline{AK}$, die sich um Punkt A dreht und mit der der auf Gleitbahn gg gleitende Mittelpunkt B der Rolle durch die Koppel b fest verbunden ist. Das Kurvengetriebe ist also augenblicklich durch die Geradschubkurbel AKB ersetzt. Wir brauchen deshalb nur mittels der im Abschnitt 4 entwickelten Verfahren die Geschwindigkeiten und Beschleunigungen des Rollenmittelpunktes B zu ermitteln.

Führt der Rollenpunkt B eine Schwingbewegung mit Hebel c um den festen Drehpunkt D aus (in Bild 76 gestrichelt), so wird das Ersatzgetriebe ein Gelenkviereck mit Steg $\overline{AD} = d$, Kurbel $a = \overline{AK}$, Schwinge $c = \overline{BD}$ und Koppel $b = \overline{KB}$; die Geschwindigkeiten und Beschleunigungen des Rollenmittelpunktes B sind nach Abschnitt 4.2, Seite 66 zu ermitteln.

Um ein Bild über den Geschwindigkeits- und Beschleunigungsverlauf zu gewinnen, muß man diese Werte für eine Anzahl Punkte des Bewegungsabschnittes der Kurvenscheibe ermitteln. Die Untersuchung vereinfacht sich, wenn das Kurvenprofil und damit auch das der Mittelpunktsbahn nur aus Kreisbogen zusammengesetzt ist

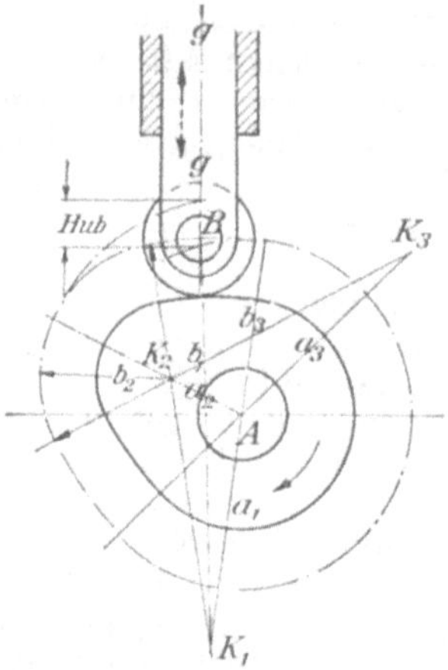

Bild 77. Kurvenscheibe (aus Kreisbögen zusammengesetzt) mit Hubschieber und Rolle.

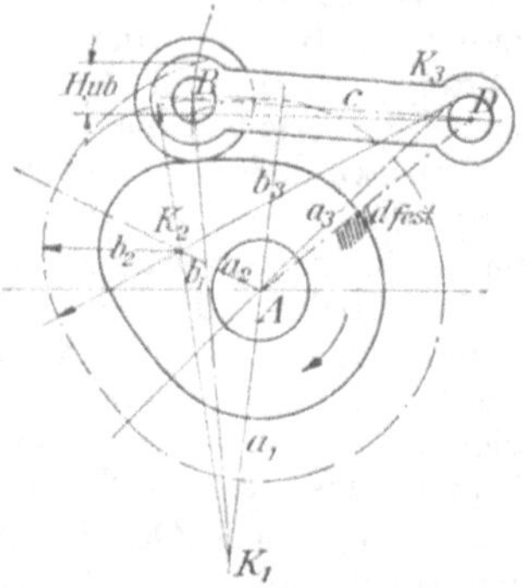

Bild 78. Kurvenscheibe (aus Kreisbögen zusammengesetzt) mit Hubschwinge und Rolle.

(Bild 77 u. 78), dann schrumpft die Bahn der Krümmungsmittelpunkte zu einzelnen Punkten zusammen, gleichzeitig entstehen starke Beschleunigungssprünge[1][2]. Besteht ein tangentialer Übergang zwischen den Kreisbögen, so müssen die Mittelpunkte zweier benachbarter Abschnitte auf einer gemeinsamen Normalen liegen. Für diese Punkte B ergeben sich somit zwei Ersatzgetriebe; zur Kontrolle kann

1) Diese werden vermieden, wenn sich die Krümmung stetig ändert, z. B. der Krümmungsmittelpunkt K auf einer stetigen Kurve liegt (Bild 76). Hier findet jedoch ein starker Beschleunigungssprung in Richtung der Senkrechten zu A statt. Im Brit. Patent 653910 wird vorgeschlagen, diesen Sprung ebenfalls durch eine Evolute zu vermeiden und die gesamte Kurvenbahn durch Abwälzen eines Bandes (Stahlband) auf der Evolute zu erzeugen.

2) Siehe Abschnitt 4.3, S. 133.

man benutzen, daß sich für diese Punkte B gleich große Geschwindigkeiten ergeben, während die Beschleunigungen gerade an dieser Stelle größere Sprünge wegen der Unstetigkeit der Krümmung aufweisen.

Sonderfall. Ist die Kurvenscheibe zum Teil aus geradlinigen Stücken zusammengesetzt, liegt der Krümmungsmittelpunkt K also im Unendlichen, so entsteht als Ersatzgetriebe bei der Schieberführung: das Winkelschleifengetriebe (Abschnitt 4.4, Seite 86) und beim Schwinghebel die umlaufende Kurbelschleife (Abschnitt 4.4, Seite 86).

5.3 Kurvenscheiben mit plattenartigem Eingriffsglied

In Fällen, wo die Reibung zwischen Kurvenführung und Eingriffsglied weniger schädlich ist, benutzt man ein plattenartiges Eingriffsglied an Stelle der Rolle. Der Berührungspunkt zwischen Kurve und Eingriffsglied wandert hier im allgemeinen.

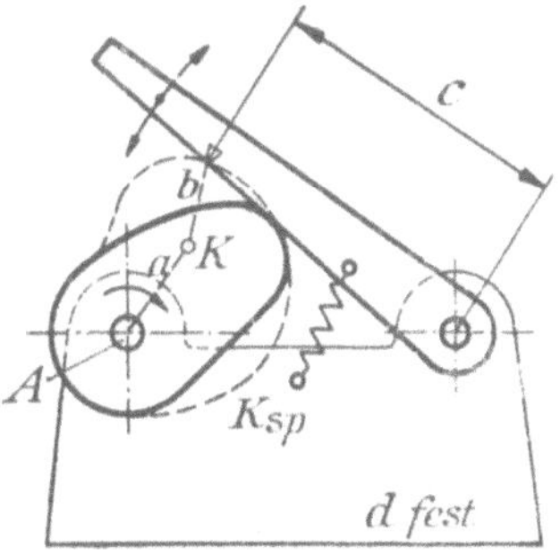

Bild 79. Kurvenscheibe mit Platte gepaart.

Bei der Kurvenscheibe mit Schwinghebel (Bild 79) ermittelt man zunächst die Bahn eines bestimmten Punktes des Eingriffsgliedes auf der Kurvenscheibe; diese Bahn sei wieder mit K_{sp} bezeichnet, sie entspricht der Mittelpunktsbahn bei den Getrieben mit Rollenführung. Die Kurve K_{sp} wird im allgemeinen erheblich von der ursprünglichen Kurve abweichen. Wir suchen jetzt zu K_{sp} die entsprechenden Krümmungsmittelpunkte und bilden ein Ersatzgetriebe (Gelenkviereck abcd).

Wird der Plattenträger gerade geführt, eine Ausführungsart, die häufig an Verbrennungsmotoren vorkommt

(Pilz- oder Tellerstößel), so benutzt man vorteilhaft als Ersatzgetriebe die rechtwinklige Kurbelschleife (Bild 80 a—c).

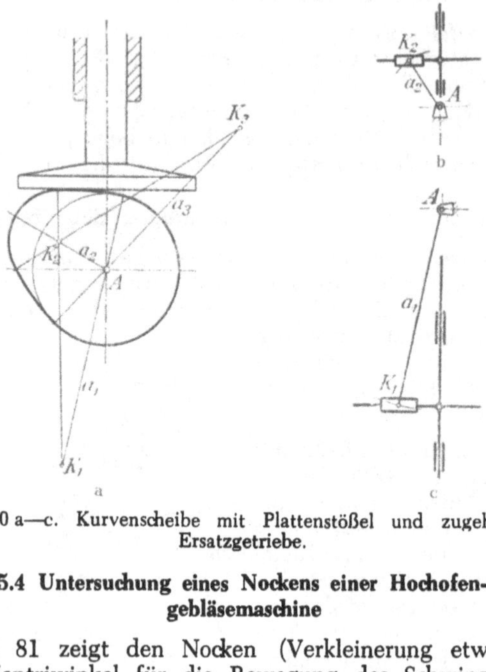

Bild 80 a—c. Kurvenscheibe mit Plattenstößel und zugehörige Ersatzgetriebe.

5.4 Untersuchung eines Nockens einer Hochofengebläsemaschine

Bild 81 zeigt den Nocken (Verkleinerung etwa 1/8). Der Zentriwinkel für die Bewegung des Schwinghebels (Öffnungswinkel) beträgt 99°, der Hub ist 26 mm, die Drehzahl betrage $n = 80$ U/min. An- und Ablauf sind symmetrisch. Der Nocken ist durch Kreisbogen begrenzt. Wir zeichnen zuerst die Mittelpunktsbahn des Nockens, die die gleichen Krümmungsmittelpunkte wie der Nocken selbst hat. Für den ersten Teil, den Anhub I II, ersetzen wir das Nockengetriebe durch das Gelenkviereck OK_1BD, für den Bogen II III II′ durch das Gelenkviereck OK_2BD

und für den Rest des Ablaufes II′ I′ durch das Gelenkviereck OK_3BD, das die gleichen Abmessungen hat wie das Gelenkviereck OK_1BD. Wir teilen den ganzen Hub-

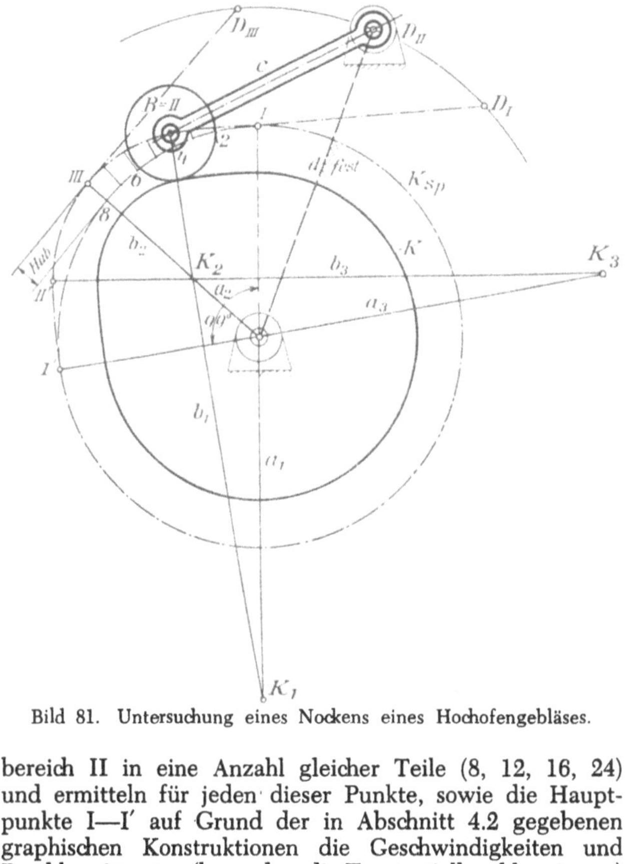

Bild 81. Untersuchung eines Nockens eines Hochofengebläses.

bereich II in eine Anzahl gleicher Teile (8, 12, 16, 24) und ermitteln für jeden dieser Punkte, sowie die Hauptpunkte I—I′ auf Grund der in Abschnitt 4.2 gegebenen graphischen Konstruktionen die Geschwindigkeiten und Beschleunigungen (besonders die Tangentialbeschleunigung) des Punktes *B* als Schwingenendpunkt des Ersatzgetriebes. Teilpunkte, die in die Nähe der Hauptpunkte fallen, können ausgelassen werden. Die gefundenen Werte

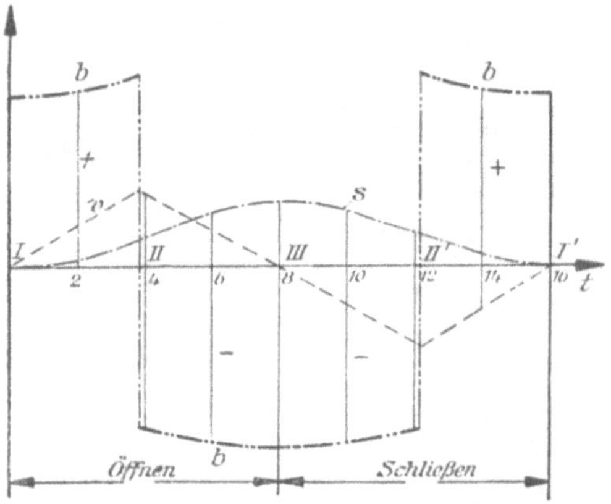

Bild 82. Weg-, Geschwindigkeits- und Beschleunigungsschaubild des Nockens nach Bild 81.

tragen wir in ein Schaubild (Bild 82) ein, wobei wir als Abszissenachse den Nockendrehwinkel wählen. Das so entwickelte Schaubild besitzt einige Eigentümlichkeiten. Der Hub *s* steigt zwischen I II von 0 an und erreicht bei III seinen Größtwert, dazwischen liegt ein Wendepunkt, der im allgemeinen mit II zusammenfällt, da hier die Bahn von einem Halbmesser b_1 auf einen wesentlich kleineren b_2 übergeht. Die Geschwindigkeit *v* steigt von I an etwa geradlinig an, erreicht ihren Höchstwert bei II und nimmt etwa geradlinig bis 0 (Punkt III) ab. Die Tangentialbeschleunigung beginnt gleich mit einem ziemlich großen Wert in Punkt I, steigt dann weiter bis II. Infolge des Wechsels der Krümmung in II springt die Beschleunigung von einem positiven auf einen negativen Wert, sie erreicht ihr Maximum im Punkt III. Der Ablauf geht entsprechend vor sich. Für die Berechnung der

Ventilfeder kommt in der Hauptsache nur für die größte negative Beschleunigung, die ein Abheben der Rolle vom Nocken verursachen will, in Frage (zwischen II und II', meist in III). Im allgemeinen kann man sich begnügen, die Untersuchung der Tangentialbeschleunigung nur für die Hauptpunkte I, II, III, II' I' durchzuführen. Da die Ersatzgetriebe in den Punkten I, III, I' Umkehrstellungen aufweisen, vereinfachen sich hier die Konstruktionen, entsprechend Bild 53 und 54 auf Seite 73 und 74. Für die Punkte II und II' ergeben sich je zwei Beschleunigungen, entsprechend dem Übergang von einer Krümmung zur anderen. Man trägt dann die gefundenen Werte in das Schaubild ein und verbindet die Endpunkte nach Gefühl.

Zur Kontrolle mag dienen, daß das Feld unter den positiven Beschleunigungen genau so groß sein muß wie das unter den negativen. Im folgenden sei noch die maßstäbliche Berechnung der ermittelten Geschwindigkeiten und Beschleunigungen durchgeführt (Bild 82).

Zeichenmaßstab und Wegmaßstab 1 mm $\widehat{=}$ a mm $\widehat{=}$ 4 mm,

Winkelgeschwindigkeit

$$\omega = \frac{\pi \cdot n}{30} = \frac{3{,}14 \cdot 80}{30} = 8{,}37 \ \text{1/sek},$$

Geschwindigkeitsmaßstab

$$1 \text{ mm} \widehat{=} \frac{a \cdot \omega}{1000} = \frac{4 \cdot 8{,}37}{1000} = 0{,}0335 \text{ m/sek},$$

Beschleunigungsmaßstab

$$1 \text{ mm} \widehat{=} \frac{a \cdot \omega^2}{1000} = \frac{4 \cdot (8{,}37)^2}{1000} = 0{,}28 \text{ m/sek},$$

$$\text{Zeitmaßstab } 1 \text{ mm} \widehat{=} \frac{1}{\omega} = 0{,}12 \text{ sek},$$

die größte Geschwindigkeit v_{II} wurde gemessen zu 8 mm, v_{max} ist also $8 \cdot 0{,}0335 = 0{,}268$ m/sek. Die für die Berechnung der Ventilfeder wichtige größte negative Beschleunigung b_{III} wurde gemessen zu 19,5 mm : $-b_{max} = 19{,}5 \times 0{,}28 = 5{,}46$ m/sek.

Geometrische Zusammenhänge

1. Beweglichkeit und Zwanglaufbedingungen

Die Bedingungen der Beweglichkeit von Getrieben bestehen in ganzzahligen Beziehungen zwischen der Zahl der Glieder n und der sie verbindenden Elementenpaare oder Gelenke g. Bei n-Gliedern muß ein Glied das Gestell bilden, und es sind $n - 1$ Glieder beliebig beweglich. Um Starrheit $F = 0$, d. h. Freiheitsgrad 0, zu erreichen, sind $3 \cdot (n-1)$ Bewegungen zu verhindern[1]). Um einen beliebigen Freiheitsgrad zu erreichen, brauchen nur $3 \cdot (n-1) - F$ Bewegungen verhindert zu werden. Ein Gelenk mit Freiheitsgrad f verhindert $(3-f)$ Bewegungen[2]). Für ein Getriebe mit g-Gelenken unterschiedlicher Freiheitsgrade f_i, das die oben angegebenen Bewegungsverhinderungen aufweisen soll, muß sein

$$3g - \sum f_i = 3(n-1) - F \qquad (21\,a)$$

$$F = 3(n - g - 1) + \sum f_i\,. \qquad (21\,b)$$

Für Kurbelgetriebe mit sogenannten niederen Elementenpaaren (Rundgelenk, Schiebegelenk[3]), Schraubengelenk) ist $f_i = 1$, für höhere Elementenpaare (Kurvenscheiben, Zahnräderpaarungen usw.) ist $f_i = 2$. Für Kurbelgetriebe haben wir damit für Elementenpaare mit Freiheitsgrad $f = 1$

$$F = 3n - 3 - 2g \qquad (22\,a)$$

und für den Freiheitsgrad $F = 1$ (zwangläufige Getriebe)

1) Die Zahl 3 ergibt sich daraus, daß eine Gerade gegenüber einer anderen (ebenes Problem) analytisch durch 3 Bestimmungsgrößen festgelegt ist. Z. B. zwei Koordinaten x, y eines Punktes und eine Richtung, oder in Polarkoordinaten r, a und wiederum eine Richtung.

2) Es ist hier unterschieden zwischen (1) Freiheitsgrad eines Gelenkes f, (2) Freiheitsgrad des gesamten Getriebes F.

3) Auch Prismenpaar genannt.

$$2g - 3n + 4 = 0 \qquad (22\,b)$$

die sogenannte Grüblersche Zwanglaufbedingung.

Der Freiheitsgrad F eines Getriebes ist die Zahl der Ordinaten, die zur Bestimmung seiner Lage notwendig sind. Z. B. $F = 0$ starres Gebilde, $F = 1$ zwangläufiges Getriebe, $F = 2$ und mehr Ausgleich- oder Zweiggetriebe nach Kutzbach, wobei g = Anzahl der Drehgelenk- und Prismenpaare, n = Anzahl der Glieder.

Die Gleichung setzt 1. voraus, daß kein Glied ausschließlich parallele Prismenpaare enthält, 2. Glieder mit nur 2 Prismenpaaren nicht unmittelbar verbunden sind und 3. in keiner geschlossenen Gliedergruppe weniger als 2 Drehgelenkpaare auftreten[1]).

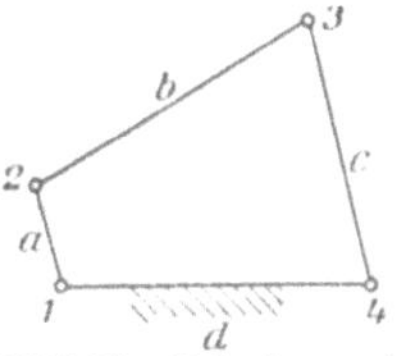

Bild 83. Gelenkviereck (Schema), zwangsläufig.

B e i s p i e l e : Das Gelenkviereck besitzt $n = 4$ Glieder und $g = 4$ Gelenke, die Gleichung (22 b) ist also erfüllt (Bild 83). Man erkennt, daß die Gleichung nur für geradzahlige n erfüllt ist, z. B. $n = 2$; 4; 6; 8. Für $n = 2$ ergibt sich $g = 1$ das Drehpaar; für $n = 4$ das Gelenkviereck; für $n = 6$; $g = 7$. Diese sechsgliedrigen Gelenkvierecke lassen sich in zwei Formen (Bild 84 a u. b) darstellen. Man erkennt zugleich, daß hier Glieder auftreten, die mehr als zwei Gelenke besitzen. Die achtgliedrigen Gelenkketten[2]) können bereits in zwölf verschiedenen Formen auftreten. Es treten in diesen Ketten Untergruppen mit einem oder mehreren Gelenkvierecken auf. Im allgemeinen lassen sich deshalb die meisten getrieblichen Aufgaben mittels Gelenkvierecken lösen.

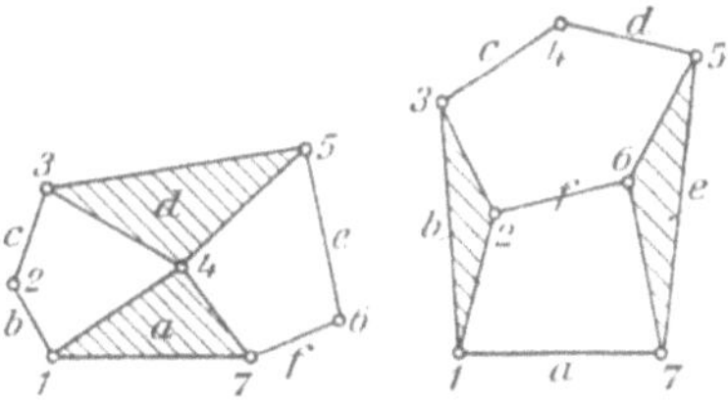

Bild 84 a u. b. Die beiden Grundformen zwangläufiger sechsgliedriger Getriebe.

[1]) Treten in einem Getriebe höhere Elementenpaare auf, so denke man sich diese durch ein Ersatzgetriebe in niedere Elementenpaare umgewandelt (Beispiele siehe Abschnitt 5, S. 97).

[2]) Siehe Getriebelehre II.

Ersetzt man in diesen Getrieben ein Drehgelenkpaar durch ein Prismenpaar (man stellt sich vor, daß ein Drehpunkt ins Unendliche rückt), dann bleibt die Zwangläufigkeit noch erhalten. Das Gelenkviereck geht z. B. in das ebenfalls zwangläufige Geradschubkurbelgetriebe über. Beim Ersatz mehrerer Gelenke durch Prismenpaare ist der oben angeführte Satz zu beachten. Beschränkt man die Betrachtungen nur auf Ketten mit Gliedern bis zu 4 Elementen und ist die Anzahl der Glieder mit 2 Elementen = n_2, mit 3 Elementen = n_3, mit 4 Elementen = n_4, so ist

$$n = n_2 + n_3 + n_4$$

und

$$2\,g = 2\,n_2 + 3\,n_3 + 4\,n_4;$$

diese Gleichungen in (22 b) eingesetzt ergeben

$$n_2 = n_4 + 4 \quad \text{und} \quad n = 2\,n_2 + n_3 - 4. \qquad \text{(23a u. 23b)}$$

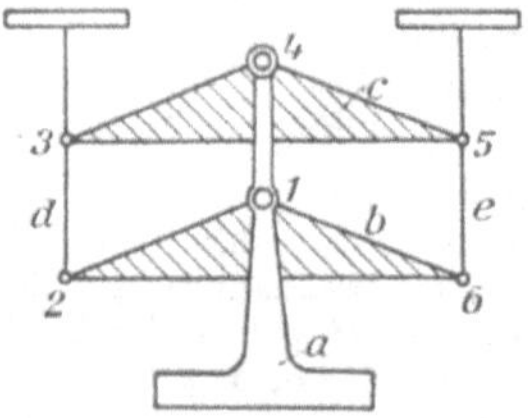

Bild 85. Die Robervalsche Tafelwaage als Beispiel eines übergeschlossenen Getriebes.

Die Zahl der Glieder mit 2 Elementen eines zwangläufigen Getriebes ist mindestens 4 (bei $n_4 = 0$). Die Anzahl der Glieder mit 3 Elementen ist stets gerade.

Es gibt Ketten, die zwar zwangläufig beweglich sind und doch der Gleichung (22 b) nicht genügen, wenn nämlich mehrere Glieder gleiche Abmessungen haben und parallele Bahnen beschreiben, man nennt diese Ketten übergeschlossen (Bild 85, Robervalsche Tafelwaage mit $n' = 5$, $g' = 6$), für derartige Ketten gilt

$$g' > 3/2\,n' - 2. \qquad (22)$$

Ausgleichgetriebe. Die Aufgabe eines Getriebes ist bekanntlich, eine Bewegung in eine andere umzuformen, dazu braucht das Getriebe eine Zu- und eine Ableitung (Antrieb und Abtrieb). Nun gibt es eine Reihe von Getrieben, die mehrere Zu- und Ableitungen besitzen. Diese Getriebe, von Kutzbach *Zweiggetriebe* genannt, sind bei Antrieb von einer Leitung aus nicht mehr zwangläufig, d. h. sie ergeben keine eindeutige Bewegung eines anderen Getriebegliedes, sondern sie verteilen diese Bewegung entsprechend den Widerständen gleichmäßig auf mehrere Glieder. Für diese Getriebe gilt die oben angeführte Gleichung (22 a) unter Berücksichtigung, daß ein Zweiggetriebe mit z Leitungen den Freiheitsgrad $F = z - 1$ hat. Werden ferner das Gestell (das in diesem Fall ein beweglicher Rahmen sein kann) und die zur Einführung und Ableitung der Bewegungen dienenden z Leitungen nicht mitgezählt, so haben wir

$$n = z + 1 + s_2 + s_3 + s_4 ,$$
$$g = z + s_3 + 2\,s_2 + s_4$$

in Gleichung (22 a) einzuführen und erhalten

$$F = z - s_2 + s_3 + 3\,s_4 \quad .$$

in der Anzahl der Gelenke und Gliederscheiben, die nunmehr mit s_2, s_3 und s_4 bezeichnet werden, je nachdem sie 2, 3 und 4 Gelenke besitzen.

Führen wir die obige Beziehung $F = z - 1$ ein, so haben wir allgemein, d. h. unabhängig von der Anzahl der Leitungen z und des Freiheitsgrades F, die *Kutzbachsche Beziehung*

$$s_2 = s_3 + 3\,s_4 + 1 . \qquad (23)$$

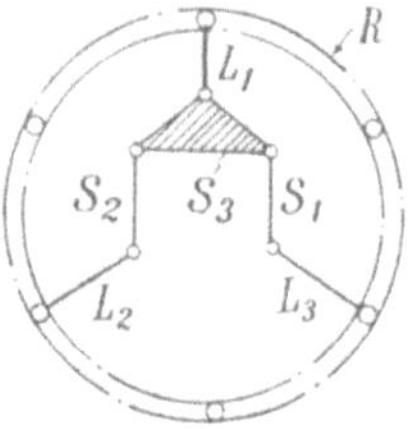

Bild 36. Ausgleichgetriebe für drei Leitungen mit nur einem dreifachen Glied s_3.

Eine Voraussetzung ist, daß das s_4-Glied nur mittelbar durch ein s_2-Glied mit einer Leitung verbunden werden darf, dies gilt jedoch nicht für die s_3-Glieder.

Diese Gleichung sagt nichts über die Abmessungen der Glieder und insbesondere nichts über das Gestelle oder den Rahmen aus, in dem die Leitungen gelagert sind. So kann der Rahmen selbst auch beweglich sein. Sie ist auch unabhängig von der Zahl der Leitungen z.

B e i s p i e l I: In einem Ausgleichgetriebe mit drei Leitungen soll nur ein s_3-Glied enthalten sein. Lösung Bild 86. Nach Formel (23) erhalten wir für $s_4 = 0$ und $s_3 = 1$; $s_2 = 2$. Eine symmetrische Anordnung ergibt sich, wenn Leitung L_1 das s_3-Glied trägt und die Leitungen L_1 und L_2 mit je einem

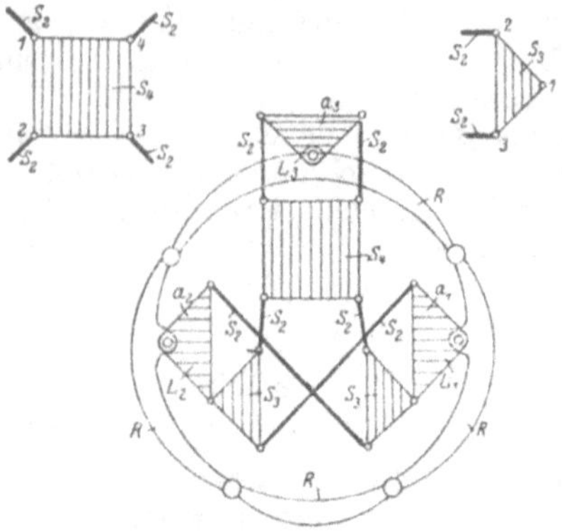

Bild 87. Zwölfgliedriges Ausgleichgetriebe (nach R. Beyer).

s_2-Glied verbunden werden; die freien Enden werden nun mit den beiden freien Gelenken des s_3-Gliedes verbunden.

Beispiel II: Bild 87 zeigt ein Beispiel für 3 Leitungen L_1, L_2 und L_3, die als dreifache Glieder eingezeichnet sind und zusammen mit dem ebenfalls mehrfach beweglich dargestellten Rahmen in der Beziehung (23) nicht mitzählen. Es sind demnach $s_3 = 2$, $s_4 = 1$, und es folgt aus Gleichung (23) $s_2 = 6$, die Bedingung ist also erfüllt.

Eine besondere Theorie der Kurbelgetriebe ist von W. Lynen und G. Marx[1]) entwickelt worden. Es wird zwischen Getrieben „im losen Aufbau" (Bogenschubkurbel-Einkurbelgetriebe, erweitert zu Zwei- und Dreikurbelgetrieben, die letzteren mit 2 und mehr Freiheitsgraden) und Getrieben „im gebundenen Aufbau" (Mehrkurbelgetriebe mit einem Freiheitsgrad, d. h. zwangläufig) unterschieden. Für diese Getriebe und deren Ableitungen werden die Bewegungsgesetze, Geschwindigkeiten und Beschleunigungen und Kräfte in systematischer Weise entwickelt.

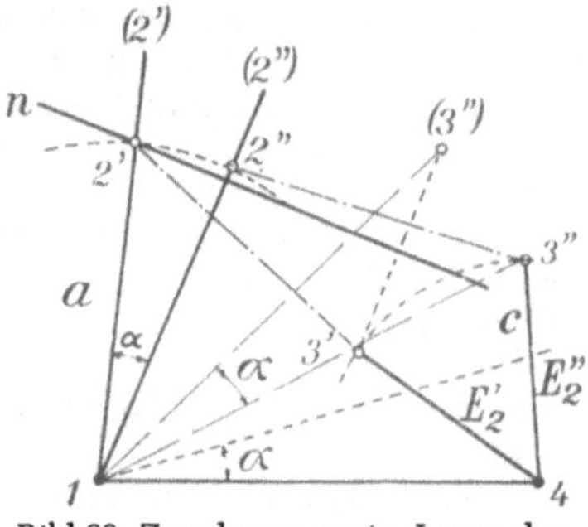

Bild 88. Zuordnung zweier Lagen der Schwingen bei einem Gelenkviereck mit gegebenem Steg.

1) Siehe Abschnitt Bewegungslehre der Getriebe, Hütte Bd. I 27. Aufl. S. 434, 1948.

2. Konstruktion von Gelenkgetrieben

2.1 Allgemeines

Im folgenden werden einige wichtige Aufgaben zur Konstruktion von Gelenkgetrieben behandelt. Je nach Art des Getriebes und Anzahl seiner Glieder ist die Freiheit in der Wahl der Gliedabmessungen beschränkt, so kann man beim Gelenkviereck (Bild 89) an sich die Gliedlängen *a*, *b*, *c* und *d* beliebig wählen, bei der Geradschubkurbel kann man nurmehr Kurbelhalbmesser *a* und Pleuelstangenlänge *b* wählen, während bei der Kreuzschleife mit Wahl des Kurbelhalbmessers *a* bereits der gesamte Bewegungsvorgang bestimmt ist, sofern noch die Geschwindigkeit eines Punktes bekannt ist. So können bei der Geradschubkurbel bei gegebenem Kurbelhalbmesser und gegebener Drehzahl die Geschwindigkeiten und Beschleunigungen des Gleitsteines durch entsprechende Wahl der Pleuelstangenlänge *b* noch in bestimmtem Maße abgeändert werden; ist dies geschehen, so bestehen weiter keine Freiheiten oder Möglichkeiten der Abänderung mehr. Beim Gelenkviereck hat man also, sofern nicht besondere einschränkende Bedingungen gestellt werden, die größte Freiheit in der Wahl der Abmessungen, es wird deshalb für die verschiedensten Bewegungsvorgänge benutzt. Auch Getriebe mit einer größeren Anzahl Glieder lassen sich vielfach auf Gelenkvierecke zurückführen.

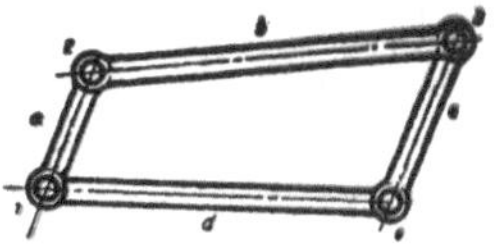

Bild 89. Gelenkviereck, das als Bogenschubkurbel verwendet werden kann.

Lagenzuordnungen. Die Aufgabe kann gestellt werden, daß zwei um feste Drehpunkte schwingende Glieder *a* und *c* durch eine feste Koppel *b* zu verbinden sind. Auf elementare Weise läßt sich diese Aufgabe für zwei und drei Stellungen der Schwingen *a* und *c* wie folgt lösen. Wenn nur zwei zugeordnete Lagen gegeben sind, sei angenommen, daß die Länge *c* gegeben ist, während die Länge *a* zu bestimmen ist. Die beiden Stellungen (2′) und

(2″) der Schwinge a schließen den Winkel α ein (Bild 88). Wir bestimmen einen Punkt (3″) der durch Rückdrehung des Gestells d und der Schwinge c in die erste Stellung (2′) erhalten wird, d. h. entsprechend einer Rückdrehung der Schwinge von Lage (2″) in Lage (2′). Zu diesem Zwecke muß Punkt 3″ um den Winkel $\alpha = \sphericalangle\, (2')\ 1\ (2'')$ gedreht werden mit 1 als Scheitel. Die Mittelsenkrechte zu 3′ (3″) schneidet den freien Schenkel (2′) in 2′, dem Gelenkpunkt der Koppel. Die Koppellänge ist gleich 2′3′. Diese von Grübler (Schrifttum 9, Seite 5) angegebene Lösung läßt sich auch auf drei zugeordnete Lagen ausdehnen, indem man nunmehr die Mittelsenkrechten sowohl für die erste und zweite als auch die zweite und dritte (oder erste und dritte) Lage bestimmt. Der Schnittpunkt beider Mittelsenkrechten bestimmt dann den Koppelgelenkpunkt. Für 4 und mehr zugeordnete Lagen läßt sich diese Aufgabe mittels der von Burmester (Schrifttum 4) angegebenen Mittelpunkt- und Kreispunktkurven lösen. Die Behandlung dieser Kurven ist außerhalb des Rahmens dieses Bändchens.

2.2 Beweglichkeit und Totlagen

Damit die vier Glieder a, b, c, d zu einem Gelenkviereck zusammengeschlossen werden können, müssen die beiden Ungleichheiten bestehen

$$a + b + c > d \qquad \text{(24 a u. b)}$$

und

$$a + c + d > b.$$

Diese Bedingung genügt, um ein Getriebe zu erzeugen, bei dem bei Aufstellung auf ein Glied die beiden an ihm angelenkten Glieder eine *Schwingbewegung* ausführen.

Man fordert jedoch vielfach, daß ein Glied eine vollständige *Drehbewegung* ausführt. Dieser Drehbewegung entspricht eine Schwingbewegung des anderen im Gestell gelagerten Gliedes (Bogenschubkurbel oder Kurbelschwinge) oder ebenfalls eine Drehbewegung, im allgemeinen mit etwas abgeändertem Bewegungsspiel (Doppelkurbel).

Soll Glied a eine vollständige Drehbewegung ausführen, so gelten noch die folgenden Bedingungen:

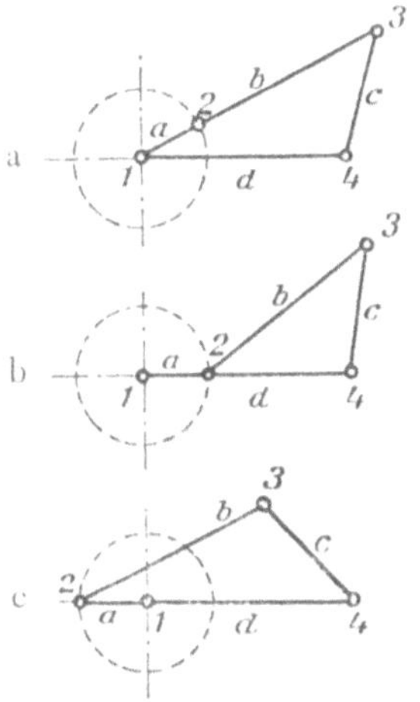

Bild 90 a—c. Die Deck- und Strecklagen des Gelenkvierecks zeigen an, ob ein vollständiger Umlauf der Kurbel möglich ist.

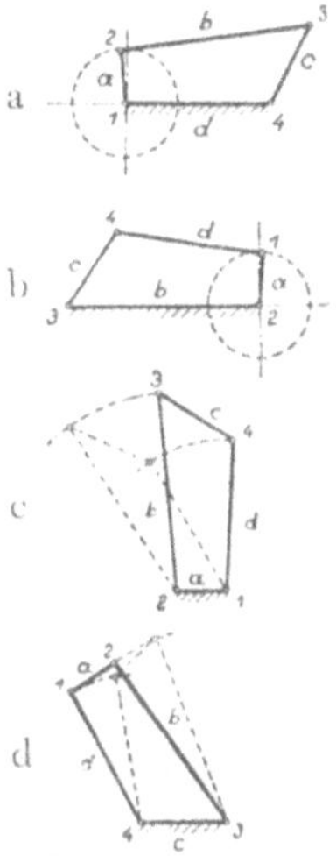

Bild 91 a—d. Die vier verschiedenen Aufstellungen des umlaufenden Gelenkviereckes. a, b Bogenschubkurbel (Kurbelschwinge), c Doppelkurbel, d Doppelschwinge.

$$
\begin{array}{lll}
1. & a + b < c + d & \text{Bild 90 a}^{1)} \\
2. \; \alpha) & a < d & \\
\beta) & c < b & \text{Bild 90 b} \\
\alpha)+\beta) & a + c < d + b & \\
3. & a + d < b + c & \text{Bild 90 c.}
\end{array}
\qquad (25)
$$

Aus den 3 Ungleichungen folgt, daß a stets das kleinste Glied der Kette sein muß (Satz von Grashof)[2].

---

1) Bild 90 u. 91 nach AWF 602, Bogenschubkurbel.

2) Jedoch bereits von R. Willis (1841) ausgesprochen.

Wird eine solche Kette auf die Glieder *d* oder *b* aufgestellt, so erhält man das mit Bogenschubkurbel oder Kurbelschwinge (Bild 91 a u. b) bezeichnete Getriebe. Glied *a* führt vollständige Drehungen aus, während Glied *c* eine hin- und hergehende Bewegung ausführt.

Bei Aufstellung auf dem kleinsten Glied *a* entsteht die Doppelkurbel (Bild 91 c), Glied *b* und Glied *d* laufen vollständig um.

Läuft *b* mit gleichförmiger Winkelgeschwindigkeit um, so beschleunigt und verzögert sich die Bewegung des Gliedes *d* zeitweilig.

Die dritte und letzte Aufstellungsart ist die auf Glied *c*. Hier können die Glieder *b* und *d* nur Schwingbewegungen ausführen, weshalb das Getriebe den Namen *Doppelschwinge* (Bild 91 d) erhalten hat. Dabei macht das Glied *a*, das jetzt als Koppel dient, während eines Bewegungsspiels einen vollen Umlauf.

2.3 Bogenschubkurbel oder Kurbelschwinge (Bild 92)

Während eines vollen Umlaufes der Kurbel *a* macht Punkt 3 der Schwinge *c* eine Hin- und Herbewegung. Er führt dabei den Weg oder Hub $s = 3'3''$ zweimal aus. Den Umkehrpunkten 3′ und 3″ entsprechen die Totlagen 2′ und 2″ der Kurbel *a*. Man findet Punkt 3′ durch Kreisschlagen mit der Strecke $(b + a)$; Punkt 3″ durch Kreisschlagen mit der Strecke $(b—a)$ um Gelenkpunkt 1. Beim Hingang wird der Kurbelwinkel α_1, beim Rückgang der Kurbelwinkel α_2 zurückgelegt; beide Winkel sind verschieden groß, infolgedessen sind auch die mittleren Geschwindigkeiten auf beiden Wegen verschieden. Die Winkel α_1 und α_2 werden bei der zentrischen Bogenschubkurbel, wo 1,3″, 3′ in einer Geraden liegen, gleich, und zwar je 180°.

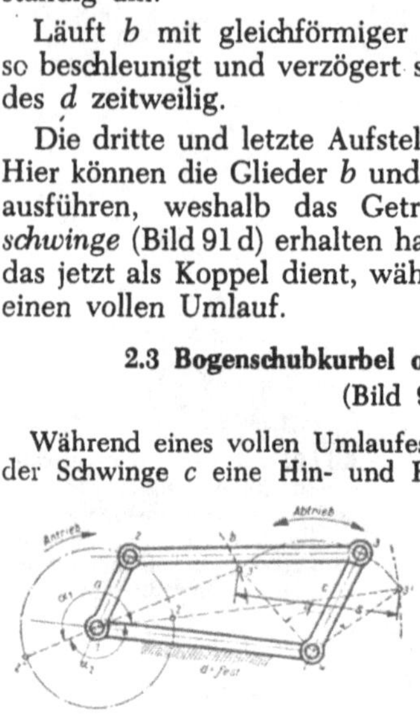

Bild 92. Bogenschubkurbel (Kurbelschwinge) in ihren Endstellungen.

Bei der Ermittlung von Abmessungen von Bogenschubkurbeln wird im allgemeinen das Gestellglied d gegeben sein und der Schwingenwinkel oder der Hub $s = 2c \sin \frac{\varphi}{2}$. Sind z. B. die Punkte 1, 4, 3″ und 3′ gegeben (Bild 93), so lassen sich die Kurbellänge a und die Koppellänge b auf sehr einfache Art ermitteln, indem man $\overline{13''}$ und $\overline{13'}$ verbindet und die Länge $\overline{13''} = b - a$ auf $\overline{13'} = b + a$ überträgt. Der Abstand $\overline{53'} = 2a$ ist der Kurbeldurchmesser. Durch Halbieren der Strecke finden wir Punkt 6; $\overline{16} = b$ ist die Koppellänge[1]).

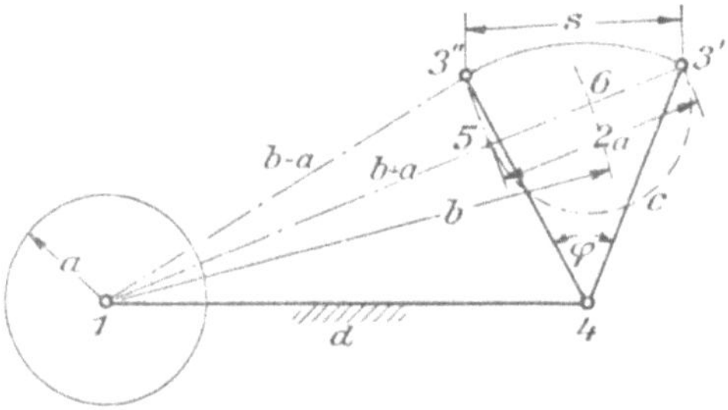

Bild 93. Bestimmung einer Bogenschubkurbel (Kurbelschwinge), wenn d, φ und s gegeben.

Eine grundsätzliche Aufgabe ist, eine Bogenschubkurbel zu konstruieren, deren Steg $\overline{14} = d$ gegeben ist, sowie die Winkel φ und α_1 [2]); ähnliche Lösungen sind von H. Alt[3]) und H. Wanckel angegeben worden. Die Aufgabe ist, die Gliedlängen a, b, c (Bild 94) zu bestimmen. Nach Wanckel legt man an $\overline{14} = d$ in 4 den Winkel φ an und halbiert ihn. Die Winkelhalbierende sei m, der freie Schenkel g. In Punkt 1 trägt man ebenfalls an $\overline{14}$ den Winkel $\varphi/2$ an. An den freien

1) Eine andere geometrische Lösung (für eine um 90° gedrehte Ofentür) siehe R. Kraus, Schrifttum 30, S. 54. Weiterhin werden Lösungen für Gelenkvierecke mit 2 und 3 zugeordneten Winkelpaaren der Kurbel und Schwinge angegeben.

2) Im folgenden nur mit α bezeichnet, da dieser Winkel sowohl α_1 als auch $\alpha_2 = 180 - \alpha_1$ sein kann. Fig. 94 nach AWF 604, Konstruktion von Bogenschubkurbeln.

3) H. Alt: Über die Totlagen von Getriebegliedern Maschinenbau/Betrieb Bd. 19, 1940, S. 173—176 (Getriebetechn. Bd. 8. 1940, S. 17—20).

Schenkel dieses Winkels trägt man nach beiden Seiten den Ergänzungswinkel $\alpha' = 180 - \alpha$ bzw. $\alpha' = \alpha - 180^\circ$ (je nachdem, ob $\alpha \gtrless 180^\circ$) an. Die freien Schenkel der Winkel α' schneiden m in M_1 und M_2. Um diese Punkte schlägt man mit $\overline{1M_1}$ bzw. $\overline{1M_2}$ Kreise, die den Schenkel g im Punkte 5

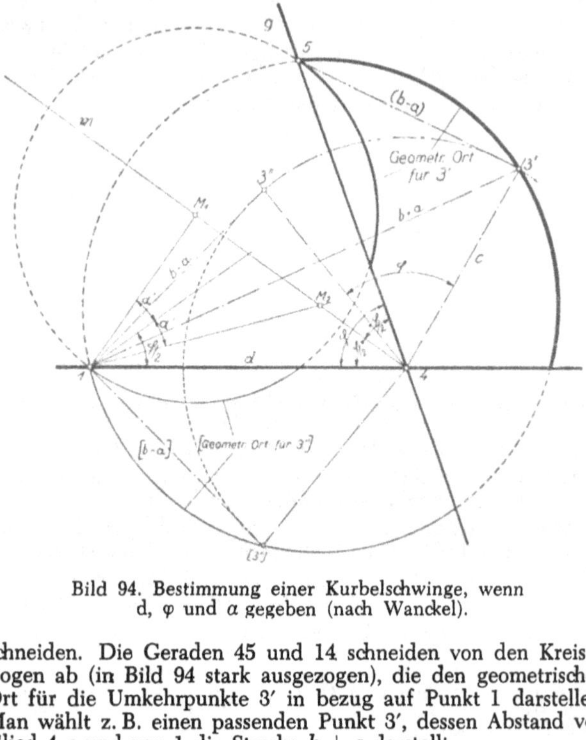

Bild 94. Bestimmung einer Kurbelschwinge, wenn d, φ und α gegeben (nach Wanckel).

schneiden. Die Geraden 45 und 14 schneiden von den Kreisen Bogen ab (in Bild 94 stark ausgezogen), die den geometrischen Ort für die Umkehrpunkte 3′ in bezug auf Punkt 1 darstellen. Man wählt z. B. einen passenden Punkt 3′, dessen Abstand von Glied 4 c und von 1 die Strecke $b + a$ darstellt.

Der Abstand $\overline{3'5}$ ist $= b - a$, und man findet durch Schlagen eines Halbkreises $b - a$ um 1 auf dem Kreis um 4 mit $\overline{43'}$ den zweiten Umkehrpunkt 3″. Aus $b + a$ und $b - a$ ermittelt man a und b wie in Bild 93. Man kann den Punkt 3′ beliebig wählen (stark ausgezogene Linie), jedoch möglichst nicht in der Nähe der Grenzpunkte, da sich hier durchschlagende Kurbeltriebe ergeben, die praktisch nicht verwendbar sind.

Von Wanckel wurden noch weitere Konstruktionen angegeben, wenn neben Steg d und Schwingwinkel φ die Koppellänge b oder Kurbellänge a gegeben sind (siehe AWF/VDI 2130, Konstruktion von Kurbeltrieben). Da bei diesen Ermittlungen immer noch die Länge eines Gliedes, z. B. c in Bild 94, frei

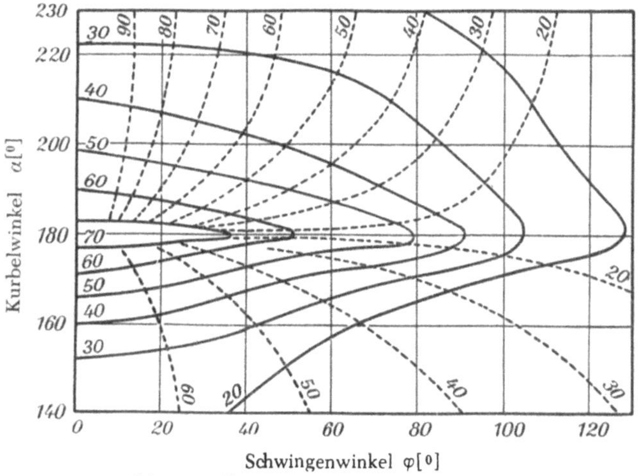

——— kleinster Übertragungswinkel μ_{min}
– – – Strecklagenwinkel β (∢ 1, 3, 4, Bild 90 a)

Bild 95. Kurventafel zur Bestimmung der günstigsten Kurbelschwinge für gegebenen Schwingenwinkel φ und Kurbelwinkel α (nach H. Alt).

angenommen wird, können auch Getriebe ermittelt werden, bei denen 4 Größen, z. B. d, φ, α und a gegeben sind.

Bei der Konstruktion von Gelenkgetrieben ist darauf zu achten, daß der von einem treibenden und einem getriebenen Glied eingeschlossene Winkel, d. h. der Übertragungswinkel μ Werte von 45° für langsamlaufende Getriebe und 60° für schnellaufende Getriebe nicht unterschreitet. Der kleinste Übertragungswinkel μ_{min} der Kurbelschwinge tritt bei $\alpha > 180°$ in der

Decklage ($\sphericalangle$ 2, 3, 4, Bild 90b), bei $\alpha < 180°$ in der Strecklage ($180° - \sphericalangle$ 2, 3, 4, Bild 90c) auf. H. Alt hat eine Kurventafel zur Bestimmung der günstigsten Kurbelschwinge für gegebenen Schwingungswinkel φ und Kurbelwinkel α entwickelt (Bild 95).

2.4 **Doppelkurbel** (Bild 96)

Bei Aufstellung des Gelenkvierecks auf seinem kleinsten Gliede *a* machen die Glieder *b* und *d* vollständige Umläufe (Bild 96). Während des Drehwinkels folgt Kurbel *b* der Kurbel *d*, während sich im Drehwinkelbereich α_1 die beiden Kur-

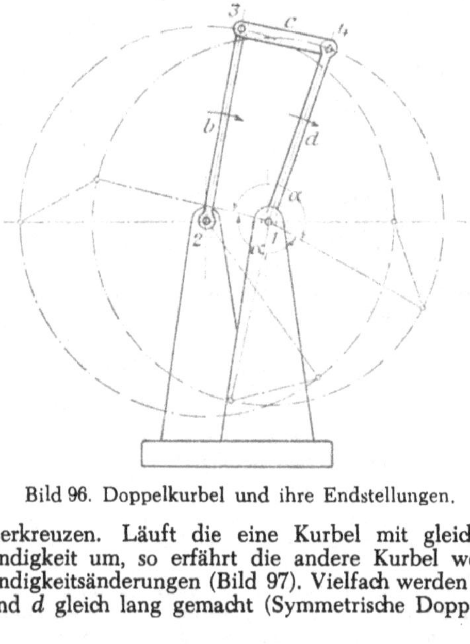

Bild 96. Doppelkurbel und ihre Endstellungen.

beln überkreuzen. Läuft die eine Kurbel mit gleichförmiger Geschwindigkeit um, so erfährt die andere Kurbel wesentliche Geschwindigkeitsänderungen (Bild 97). Vielfach werden die Glieder *b* und *d* gleich lang gemacht (Symmetrische Doppelkurbel).

2.5 **Doppelschwinge** (Bild 98)

Bei diesem auf Glied *c* festgestellten Getriebe können die Glieder *b* und *d* nur Schwingungen ausführen. Dagegen führt das kleinste Glied *a* eine vollständige Drehbewegung aus. In Bild 98a ist die Ermittlung der Umkehrpunkte 2′ und 2″ des

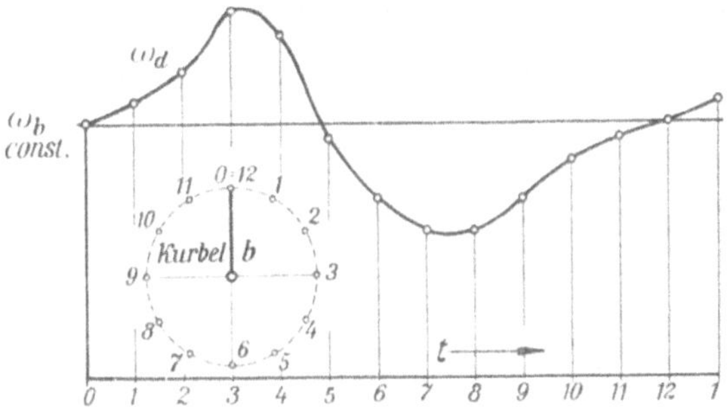

Bild 97. vt-Schaubild der Doppelkurbel Bild 96.

Gliedes b durch Schlagen von Kreisen mit $d - a$ und $d + a$ um 4 gezeigt. In Bild 98b das gleiche für die Umkehrpunkte 1′ und 1″ für das Glied d. Zwischen den Umkehrpunkten liegen die Schwingenwinkel φ bzw. φ'. Bild 98b zeigt eine überkreuzte Lage des Getriebes.

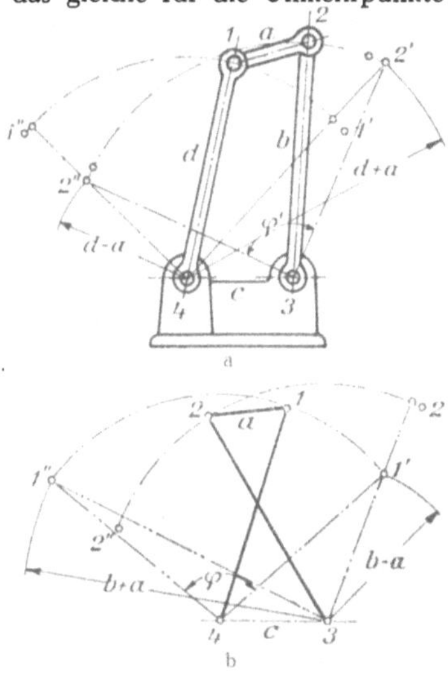

Bild 98 a u. b. Doppelschwinge und ihre Endstellungen.

2.6 Sonderfälle

Sonderfälle, die getrieblich eine erhebliche Bedeutung besitzen, treten dann ein, wenn einige Glieder gleiche Abmessungen erhalten.

Parallelkurbeln. Werden im Gelenkviereck zwei gegenüberliegende Glieder gleich groß ($a = c$, $b = d$), so entstehen die sog. Parallelkurbeln (Bild 99), bei denen die beiden im Gestell gelagerten Glieder vollständige Drehungen ausführen. In den 2 Decklagen des Getriebes, wenn sämtliche 4 Drehpunkte in eine Gerade fallen, kann das Getriebe durchschlagen, es können dann die

Antiparallelkurbeln (Bild 99) entstehen, deren Polbahnen

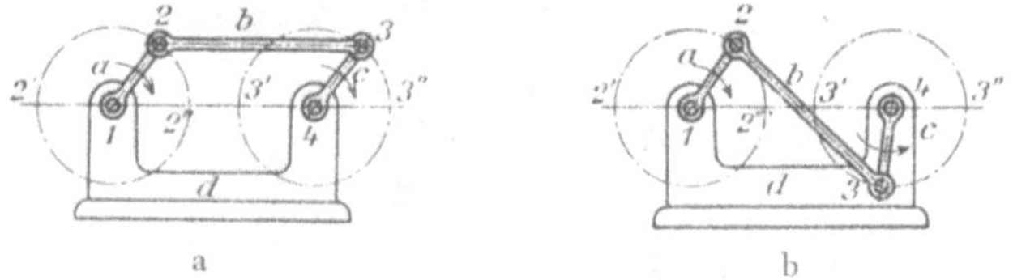

Bild 99 a u. b. Parallelkurbelgetriebe (a) und das gleiche Getriebe in durchgeschlagener Stellung (b) Antiparallelkurbelgetriebe.

Ellipsen oder Hyperbeln sind. Man erhält bei diesem Getriebe die gleiche Bewegungsübertragung wie durch elliptische Stirnräder.

Gleichschenkliges Gelenkviereck. Werden im Gelenkviereck zwei nebeneinanderliegende Glieder gleich, $a = b$, $c = d$, wo-

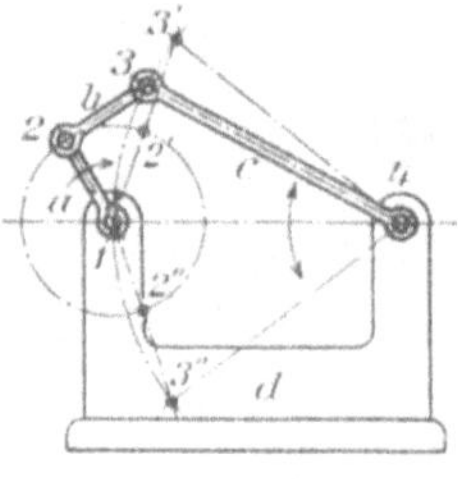

Bild 100. Gleichschenkliges Gelenkviereck, aufgestellt auf großem Glied.

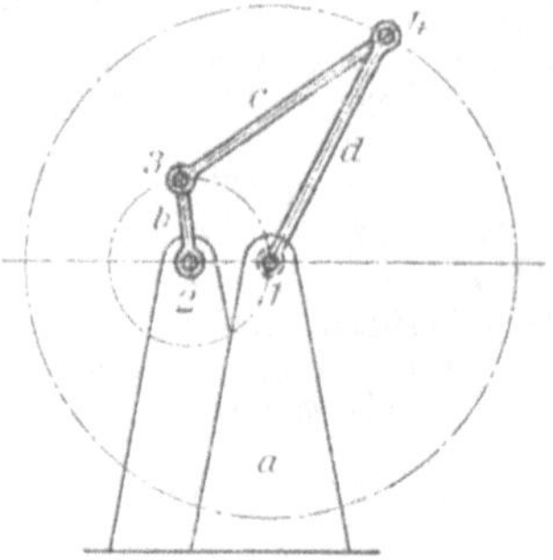

Bild 101. Gleichschenkliges Gelenkviereck, aufgestellt auf kleinem Glied.

bei noch immer $a < d$, so entsteht bei Aufstellung auf c oder d die *gleichschenklige Kurbelschwinge* (Bild 100). Der Schwingenpunkt 3 macht hier eine Bewegung gleich dem vierfachen Kurbelhalbmesser. Das Getriebe besitzt ebenfalls zwei zwanglose Lagen, wenn sämtliche Gelenkpunkte in eine Gerade fallen. Bei Aufstellen auf das kleine Glied $a = b$ entsteht die *gleichschenklige Doppelkurbel* (Bild 101). Zu einer Umdrehung der Kurbel *d* gehören 2 Umdrehungen der Kurbel *b*, das Getriebe ergibt also eine Übersetzung 1:2, wobei es nicht notwendig ist, daß die kurzen zu den langen Gliedern sich verhalten wie 1:2.

3. Koppelbewegungen

Während die im Gestell festgelagerten Glieder Dreh-, Schwing- und Schiebebewegungen diesem gegenüber ausführen, beschreiben die Glieder von Kurbelgetrieben, die keine feste Drehachse oder Führung im Gestell besitzen, sogenannte Koppelkurven. Nur in Sonderfällen, d. h. wenn die Getriebeglieder bestimmte Abmessungen haben, gehen die Koppelkurven in geometrisch einfache Linien (Kreise, Ellipsen und auch gerade Linien) über; im allgemeinen sind die Koppelkurven höheren Grades. Die Theorie der Koppelkurven ist eingehend studiert worden[1]), es ergeben sich bei den verschiedenen Kurbelgetrieben sehr interessante Formen, die in vielen Fällen technisch verwertet werden können.

Es bestehen zwei unterschiedliche Aufgaben:

1. Bei einem gegebenen Getriebe eine für eine bestimmte Aufgabe geeignete Koppelkurve herauszufinden.
2. Zu einer ihrer Form nach gegebenen Koppelkurve ein geeignetes Getriebe zu ermitteln.

Die Aufgabe 1 wird gelöst durch Hilfseinrichtungen, die von K. Rauh und W. Jahr angegeben wurden. Man wählt (Bild 102) als Gestell des Getriebes (z. B. Bogenschubkurbel) ein lichtempfindliches Papier, die im Gestell drehbaren Glieder, Kurbel *a* und Schwinge *c*, macht man aus 2—3 mm starkem durchsichtigen Kunststoff. Als Koppel wählt man einen lichtundurchlässigen Karton, den man mit einer rechteckigen Netzeinteilung versieht, die Kreuzungspunkte sticht man mit der Zirkelspitze durch. Die Glieder verbindet man mit Reißzwecken oder Druckknöpfen. Setzt man nun das Getriebe einer künstlichen

1) Siehe z. B. Schrifttum 4, 18, 19, 23, 30.

Lichtquelle aus, während man die Kurbel langsam dreht, so beschreibt jeder der durchstochenen Punkte der Koppelebene eine Koppelkurve. Jahr benutzt die getriebliche Umkehrung des ursprünglichen Getriebes und erhält so eine Einrichtung, bei der die Lochplatte (Koppelebene) feststeht und das ursprüngliche Gestell mit dem lichtempfindlichen Papier umläuft.

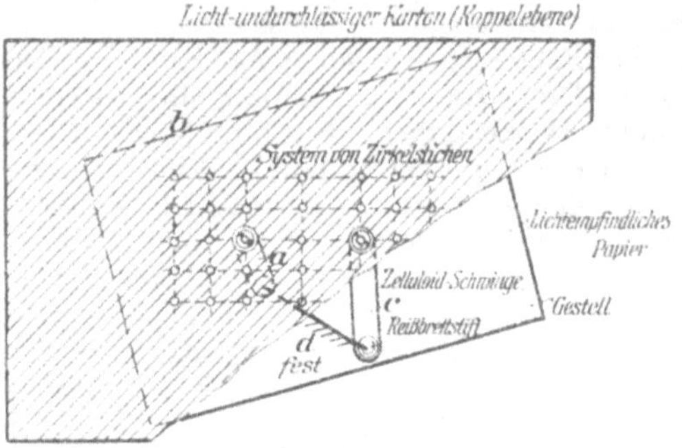

Bild 102. Einrichtung zur selbsttätigen Registrierung der Koppelkurven einer Bogenschubkurbel (Kurbelschwinge).

Auf diese Weise erhält man einen Überblick, welche Kurven einzelne Punkte der Koppelebene eines gegebenen Getriebes beschreiben, und der Konstrukteur kann sich eine Koppelkurve aussuchen, die für seine Zwecke geeignet ist. Er kann sich jetzt auch für Zwischenpunkte eine noch besser passende Kurve heraussuchen.

Je nach Art des Getriebes, seinen Abmessungen und ihrer Lage nehmen die Koppelkurven verschiedenartige Gestalt an (s. Bild 103: Koppelkurven einer annähernd zentrischen Bogenschubkurbel; Bild 104: Koppelkurven einer Doppelschwinge).

Für einige praktische Anwendungen ist es wichtig, *Koppelkurven mit Spitzen* aufzufinden. Da man sich die Bewegung des Getriebes ersetzt denken kann durch das

Abrollen von Polbahnen aufeinander (s. Abschnitt 2.2 Seite 33), ist es klar, daß nur Punkte auf der Gangpolbahn

Bild 103. Koppelkurven einer Bogenschubkurbel (nach K. Rauh).

(die mit dem Koppelglied fest verbunden gedacht wird) derartige Spitzen beschreiben (Koppelkurven K_1 und K_2, Bild 105), während Punkte, die innerhalb oder außerhalb liegen, abgeflachte Kurven oder Schleifen ergeben (vgl. die Analogie zu den Zykloiden, s. Bild 37, Seite 51, und Bild 25, Seite 36). Hinsichtlich der Krümmungsverhältnisse der Koppelkurven ist zu beachten, daß der jeweilige Krümmungsmittelpunkt der Koppelkurve, z. B. 4 R_4, liegt. Zwei benachbarte K_3, auf dem Polstrahl, z. B. Polstrahlen schneiden sich in einem Punkt, den man an-

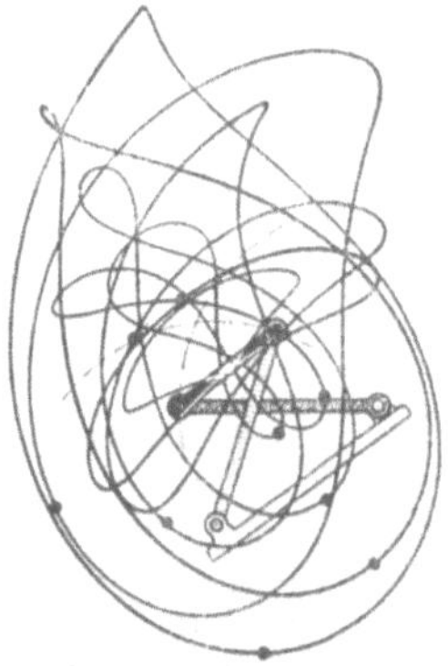

Bild 104. Koppelkurven einer Doppelschwinge.

näherungsweise als Krümmungsmittelpunkt der Koppelkurve ansehen kann. Schneiden sich drei benachbarte Polstrahlen, z. B. 11, 12, 1, in einem Punkt, so ist das ein Anzeichen, daß die Koppelkurve gut durch einen Kreis

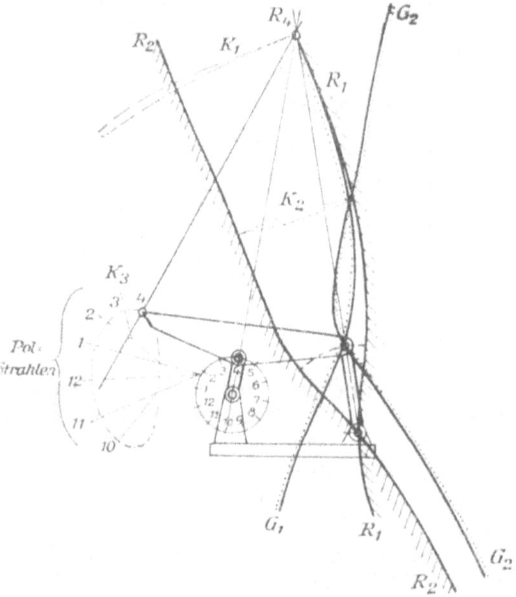

Bild 105. Polbahnen einer Bogenschubkurbel (Kurbelschwinge) mit Doppelkurven mit Spitzen.

angenähert werden kann. Laufen die Polstrahlen annähernd parallel, so ist die Koppelkurve angenähert eine Gerade.

Koppelkurven mit Spitzen und gut angenäherter Kreisbogenform werden zur *Erzeugung von Stillständen von Getriebegliedern* benutzt. Man befestigt an dem betreffenden Punkt der Koppel einen Hebel, dessen Länge dem Krümmungshalbmesser entspricht, und verbindet ihn mit einer im Gestell festgelagerten Schwinge[1]). Es entsteht so ein sechsgliedriges Getriebe (Bild 106). Durchläuft jetzt der Koppelpunkt die entsprechend gekrümmte Stelle, so bleibt die Schwinge während mehrerer Zeitabschnitte in Ruhe. Geht der Bogen der Koppelkurve in eine Spitze über, so tritt der Stillstand in einem Umkehrpunkt der Schwinge ein, was häufig erwünscht ist. Weist die Koppel-

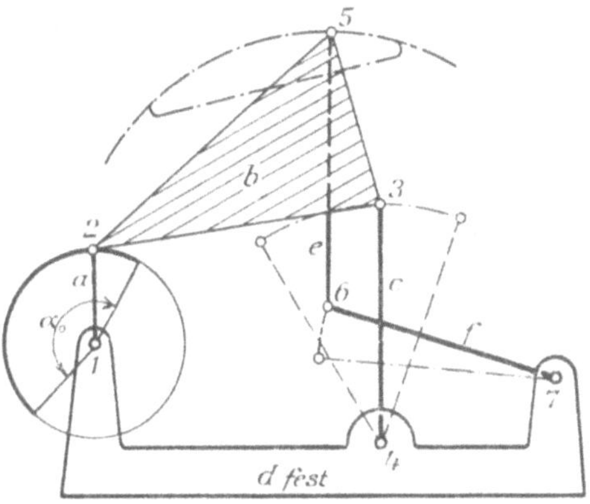

Bild 106. Stillstandgetriebe, erhalten durch Benutzung einer Koppelkurve mit Annäherung an einen Kreis und Erweiterung des Getriebes durch zwei miteinander verbundene Glieder (Zweischlag).

kurve zwei Stellen mit gleicher Krümmung auf, so bleibt die Schwinge an zwei Stellen in Ruhe (*zwei Stillstände*).

Gerade Abschnitte von Koppelkurven werden zu Gelenk-*Geradführungen* verwandt. Da die Geradführung nur ein Teil der Koppelkurve ist, kann diese nicht voll durchlaufen werden, und diese Geradführungen können nur bei

---

1) Die zur Erweiterung des Gelenkviereckes *a*, *b*, *c*, *d* dienende Stangenverbindung *e* und *f* wird im neueren Schrifttum vielfach als „Zweischlag" bezeichnet (siehe G. Marx S. 110).

Schwinggetrieben ausgenutzt werden. Als Beispiel diene der in Bild 107 gezeigte *Robertsche Dreiecklenker*[1]).

(Weiteres über Lenker-Geradführungen s. Getriebelehre Bd. II und VDI/AWF 2136, 2137. Gerade Abschnitte von Koppelkurven können ebenfalls für zeitweilige Stillstände ausgenutzt werden, indem man an Stelle der beiden Hebel e und f eine Schleife (Kulisse) h wählt (Bild 108), deren Schwingrichtung mit dem Abschnitt der Geraden zusammenfallen kann, dann bewegt sich Gleitstein i längs der Geraden und die Schleife bleibt mehrere Zeitabschnitte in Ruhe. An Stelle der Schwingschleife kann auch ein Kreuzschieber benutzt werden.

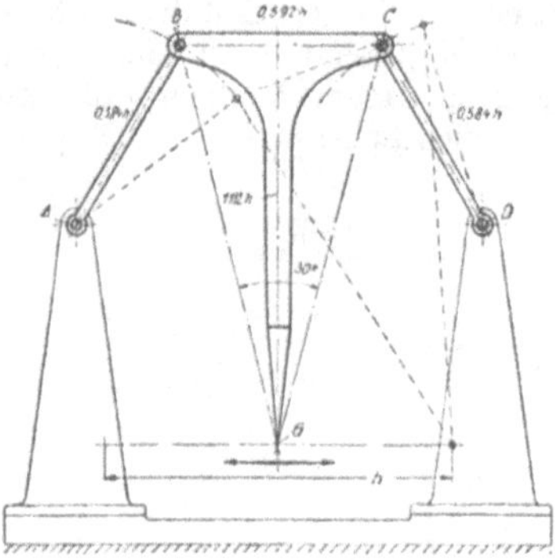

Bild 107. Eine annähernd geradlinige Koppelkurve kann zur Geradführung gewendet werden (Robertscher Dreieckslenker).

Die 2. *Aufgabe*, zu einer der Form (und gegebenenfalls Lage) nach gegebenen Koppelkurve ein geeignetes Getriebe zu ermitteln, ist eine schwieriger zu lösende Aufgabe. Um eine Übersicht über die verschiedenartigen Formen der Koppelkurven überhaupt zu gewinnen, hat man vorgeschlagen, mit Hilfe der auf Seite 121 beschriebenen Hilfseinrichtungen einen *Atlas von*

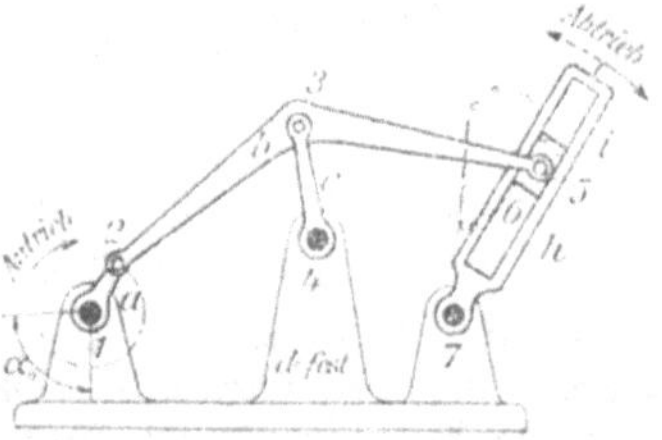

Bild 108. Eine Koppelkurve mit Spitzen und annähernd geradlinigem Verlauf kann zum Stillstand einer Schleife in zwei Endstellungen benutzt werden.

1) Nach AWF 627, Lenkergeradführungen.

Koppelkurven[1]) aufzustellen. An Hand einer solchen Zusammenstellung könnte der Konstrukteur versuchen, das zu seiner Kurve geeignete Getriebe bestimmter Abmessungen herauszusuchen.

Diese Aufgabe läßt sich auch getriebegeometrisch lösen, indem eine beliebige Kurve, gegeben durch die Anzahl auf ihr liegender Punkte, angenommen wird. Die Getriebesynthese (s. Einleitung S. 8) hat nun Hilfsmittel entwickelt, um ein Gelenkviereck zu ermitteln, von dem ein Koppelpunkt eine derartige Bahn beschreibt. Ist nur eine beschränkte Anzahl von Punkten gegeben, so können noch andere Bedingungen erfüllt werden, z. B. können neben 4 Lagen des Koppelpunktes noch die beiden Steggelenke gegeben sein[2]). Weiterhin können z. B. 4 Lagen der Koppelpunkte 4 bestimmten Lagen der Kurbel zugeordnet werden[3]). Weitere Aufgaben lassen sich durch die von L. Burmester (Schrifttum 4) angegebenen *Mittelpunkts-* und *Kreispunktskurven* lösen. Die *Mittelpunktskurve* ist der geometrische Ort aller Mittelpunkte von Kreisbögen, auf denen Koppelpunkte in vier gegebenen Lagen der Koppel liegen, während die Kreispunktkurve der geometrische Ort aller Punkte ist, die in vier Koppellagen auf einem Kreisbogen liegen[4]). K. Hain[5]) hat weiterhin in seinem Verfahren der *Punktlagenreduktion* die Möglichkeit gegeben, unter gewissen Voraussetzungen Getriebe mit mehr einander zugeordneten Winkeln oder Lagen zu entwickeln, als es mit der Mittelpunkts- oder Kreispunktskurve möglich ist.

---

1) Kürzlich ist ein Atlas dieser Art in Amerika veröffentlicht worden: J. A. Hrones, C. L. Nelson. Analysis of the fourbar linkage. 730 S. illustr. J. Wiley & Sons, New York 1951.

2) Siehe R. Kraus, Schrifttum 30, S. 57.

3) Siehe R. Kraus, Schrifttum 30, S. 58.

4) Die Anwendung dieser Verfahren setzt wesentliche Geschicklichkeit im geometrischen Zeichnen voraus und darf für Leser dieses Bändchens als zu weitgehend vorausgesetzt werden.

5) Siehe K. Hain, Punktlagenreduktion als getriebesynthetisches Hilfsmittel, Getriebetechnik - Reuleaux - Mitteilungen Bd. 11, 1943, R1—R3, außerdem Bd. 12, 1944, R17—R20.

Die *Punktlagenreduktion* sei an einem von K. Hain angegebenen Beispiel behandelt. In Bild 109 sind die 5 Koppelpunktslagen E_1 bis E_5 gegeben. Zwei beliebige Mittelsenkrechte werden errichtet z. B. auf E_1E_5 und E_2E_3, deren Schnittpunkt als Drehpunkt der Schwinge, d. h. B_0

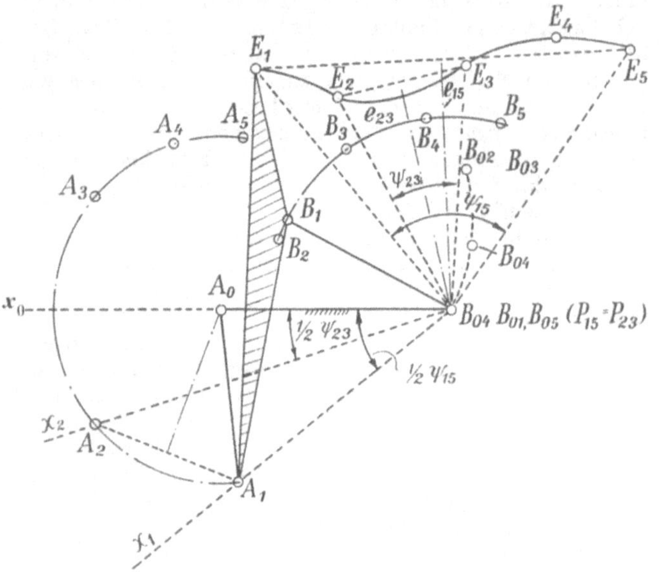

Bild 109. Konstruktion eines Gelenkvierecks für fünf gegebene Lagen der Koppelebene (Koppelkurven). Punktlagenreduktion nach K. Hain.

gewählt wird. Somit entstehen zwei Punktlagenreduktionen, indem B_{05} mit B_0 und B_{03} mit B_{02} zusammenfallen, wenn die Dreiecke $E_5B_0A_5$, $E_3B_0A_3$ und $E_2B_0A_2$ nach A_1E_1 gedreht werden und $\sphericalangle A_1B_0A_0 = \frac{1}{2}\psi_{15} = \frac{1}{2} \sphericalangle E_1B_0E_5$; ferner ist zu machen $\sphericalangle A_2B_0A_0 = \frac{1}{2}\psi_{23} = \frac{1}{2} \sphericalangle E_2B_0E_3$. Man wählt die Gerade x_0 durch B_0 und trägt unter den obigen Winkeln die Geraden x_1 und

x_2 an, wählt A_1 auf x_1 und bestimmt A_2 *mit* $\overline{A_2E_2} = \overline{A_1E_1}$. Die Mittelsenkrechte auf $\overline{A_1A_2}$ schneidet x_0 in A_0, dem Kurbeldrehpunkt. Bringt man nun die Figur (Fünfeck) $B_0A_5E_5B_5$ nach A_1E_1, so kann es wegen $\sphericalangle A_1B_0A_5 = E_1B_0E_5 = \psi_{15}$ um B_0 in diese Lage gedreht werden, worauf beide sich deckende Figuren in die Lage A_1E_1 gebracht werden. Bei der Drehung bleiben die Punkte B_0 zusammen und kommen nach B_{02}, B_{03}. Wird Fünfeck $B_0A_4E_4B_4$ nach A_1E_1 gebracht, so kommt B_0 nach B_{04}. Es bleibt noch übrig, die Gelenklage B_1 zu bestimmen. Da sie von den Punkten $B_{01}B_{05}B_{02}$ usw denselben Abstand hat, ist sie der Schnittpunkt $\overline{B_{01}B_{04}}$ und $\overline{B_{04}B_{03}}$.

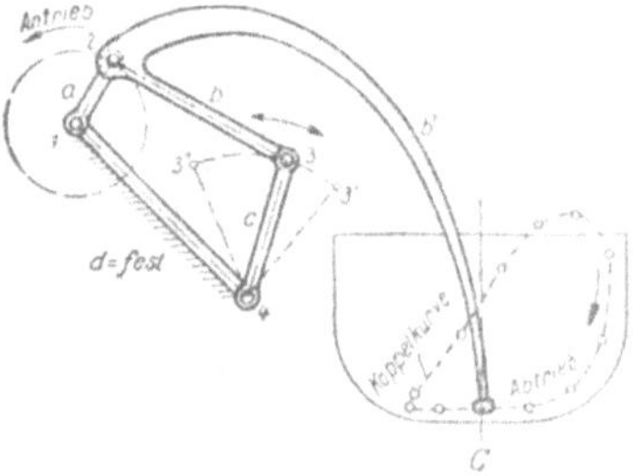

Bild 110. Benutzung einer Koppelkurve in einem Teigkneter.

Beliebig geformte Koppelkurven werden in den verschiedensten Maschinen nutzbar gemacht. Bild 110 zeigt die Anwendung in einer Teigknetmaschine[1]). Der sich um die Achse c drehende Mischbehälter ist auf einem Teil seines Umfangs der Form der Koppelkurve angepaßt.

4. Konstruktion von Kurvengetrieben

4.1 Grundlagen

Kurvengetriebe dienen ebenso wie die Kurbelgetriebe zur Umwandlung einer gleichförmigen Antriebsdrehung in eine hin- und hergehende Abtriebsbewegung. Für die Bewegung eines Schiebers oder Schwinghebels durch eine Kurvenscheibe wird im allgemeinen die Erreichung eines bestimmten Hubes H innerhalb einer vorgeschriebenen Zeit T_1 gefordert, z. B. bei einer Ventilsteuerung.

1) Nach AWF 602, Bogenschubkurbel.

Man unterscheidet Kurvenschübe mit geradliniger Antriebsbewegung sowie Kurvenscheiben mit drehender Antriebsbewegung und räumliche Kurventriebe, bei denen das Bewegungsdiagramm auf dem Umfang von Rotationskörpern (Zylinder, Kegel u. dgl.) aufgetragen wird.

Vorteile: Mit Kurventrieben können komplizierte Bewegungen verwirklicht werden, die sich mit einfachen (viergliedrigen) Kurbelgetrieben nicht und mit 6- und mehr gliedrigen nur annähernd erzeugen lassen, z. B. Bewegung der Wirkwerkzeuge (Lochnadel, Platine, Presse, Nadel) in Wirkereimaschinen. Sie gestatten eine flache und gedrängte Bauweise und sind leicht auswechselbar. Für den Werkzeugmaschinenbau sind Kurventriebe von besonderer Bedeutung, da sich mit ihrer Hilfe lange und genaue Rasten sowie unbedingt gleichförmige Bewegungen erzeugen lassen.

Nachteile: Gegenüber den Kurbeltrieben ist der Verschleiß zwischen Scheibe und Schieber als Hauptnachteil anzusehen. Dadurch wird die Kurvenform verändert und das geforderte Bewegungsgesetz nicht mehr eingehalten, z. B. Stößel-Verschleiß bei Verbrennungsmotoren verändert die Steuerzeiten der Ventile. Bei höheren Drehzahlen arbeiten Kurventriebe lauter, ferner wird durch die elastische Verformung der Kurvenscheibe das Bewegungsgesetz verändert[1]).

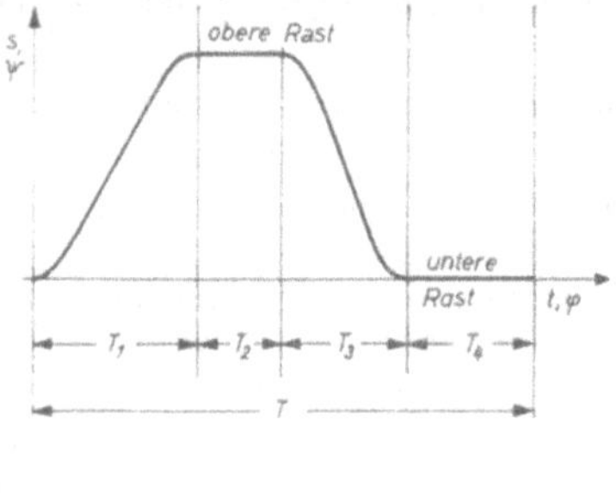

Bild 111. Weg-Zeit-Schaubild für einen Arbeitsgang eines Kurvengetriebes

[1]) Rothbart, H. A.: Cams, Design and Accuracy, New York, J. Wiley & Sons 1956.

Die Grundlage für den Entwurf eines Kurventriebes bildet der vorgeschriebene Bewegungsablauf, wie ihn Bild 111 in allgemeiner Form zeigt. Tragen wir die Ordinaten eines derartigen Bewegungsdiagramms auf dem Umfang eines bestimmten Grundkreises r_0 auf, so entsteht eine Kurvenscheibe. Ein auf ihr ablaufender Schieber gibt das gleiche Bewegungsgesetz wieder. Beim Entwurf ist vor allem auf eine zweckmäßige Auswahl der Bewegungsgesetze für den Anlauf und Ablauf in den Zeiten T_1 und T_3 (Bild 111) sowie des Grundkreises r_0 zu achten. (Siehe Abschnitt 4.3 bis 4.5.)

Ein Kurvenscheibengetriebe besteht nach Bild 112 aus der im Gestell c gelagerten Kurvenscheibe a und dem ebenfalls in c gelagerten Schwinghebel (Bild 112b) oder Schieber b (Bild 112 a). Die Kurvenscheibe wird begrenzt durch den Grundkreis r_0 (untere Rast), den hierzu konzentrischen Kopfkreis r_k (obere Rast) und der Anlauf- bzw. Ablauf-Flanke F_1 und F_2.

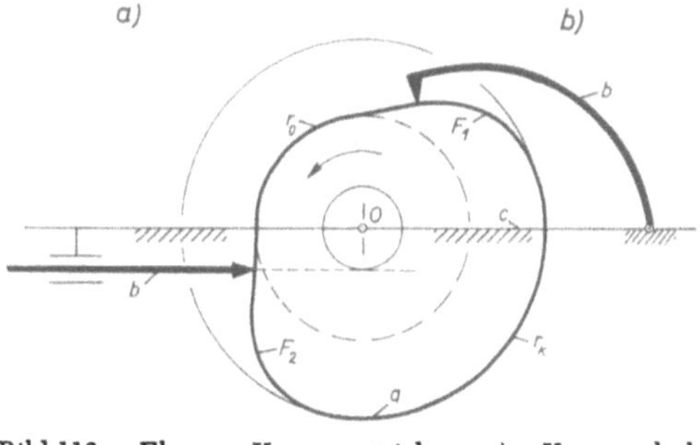

Bild 112. Ebene Kurvengetriebe. a) Kurvenschubgetriebe; b) Kurvenschwinggetriebe.

Wird ein zu kleiner Grundkreis gewählt, so wird der Anstieg der Kurve zu steil — der Schieber kann klemmen. Andererseits ergibt ein größerer Grundkreis größere Scheibenabmessungen, Beschleunigungen und Fliehkräfte, so daß man immer bestrebt sein muß, zu einem gegebenen Bewegungsgesetz den günstigsten Scheibendurchmesser zu wählen.

Nach den bisherigen Ausführungen gliedert sich der Entwurf eines Kurvenscheibengetriebes in folgende Einzelaufgaben:

1. Ermittlung geeigneter Bewegungsgesetze für An- und Ablauf;
2. Ermittlung des kleinsten Grundkreishalbmessers r_0, bei dem die vorgeschriebenen Übertragungswinkel für Anlauf- und Ablauf-Flanke eingehalten werden;
3. Übertragung der Bewegungsgesetze auf den Grundkreis bzw. Konstruktion der Scheibe.

4.2 Verwendete Bezeichnungen

a	(mm)	Achsabstand
b	(ms^{-2})	Schieber- (Schwinghebel-) Beschleunigung
e	(mm)	Exzentrizität, Abstand zwischen Schieber und Kurvenscheibenmittelpunkt
H	(mm)	Gesamthub
M_z	(cm/m)	Zeichenmaßstab
$M_v = \frac{M_z}{\omega}$	(cm/ms^{-1})	Geschwindigkeitsmaßstab
n_{ac}	(U/min)	Antriebsdrehzahl
n	—	Abkürzungsfaktor für zusammengesetzte Bewegungsgesetze
$\omega = \frac{n_{ac} \cdot \pi}{30}$	(s^{-1})	Winkelgeschwindigkeit
r_0	(mm)	Grundkreis
s	(mm)	laufende Hubkoordinate
t	(s)	laufende Zeitkoordinate
$T_{ges} = \frac{60}{n_{ac}}$	(s)	Gesamtzeit für einen Arbeitsgang

T_1	(s)	Anlaufzeit
v	(ms^{-1})	Schieber- (Schwinghebel-) Geschwindigkeit
v_g	(ms^{-1})	Gleitgeschwindigkeit tangential zur Flanke der Kurvenscheibe
v_u	(ms^{-1})	Umfangsgeschwindigkeit eines Punktes der Kurvenscheibe
ξ_m	—	Geschwindigkeitsbeiwert
η_m	—	Beschleunigungsbeiwert
μ	(°)	Übertragungswinkel
$\varphi_1 = \frac{T_1}{T_{ges}} 360$	(°)	Drehwinkel der Kurvenscheibe beim Heben
$\varphi_3 = \frac{T_3}{T_{ges}} 360$	(°)	Drehwinkel der Kurvenscheibe beim Senken
ψ	(°)	Schwingwinkel des Schwinghebels

Index

m	für Maximalwerte
*	Werte für zusammengesetzte Bewegungsgesetze
1	Hubbewegung
2	obere Rast
3	Senkbewegung
4	untere Rast

4.3 Bewegungsgesetze

Das Bewegungsgesetz eines Kurvengetriebes bestimmt den Ablauf der Hub- bzw. Senkbewegung sowie Art und Größe der dabei auftretenden Geschwindigkeiten und Beschleunigungen. Bei der Auswahl ist vor allem darauf zu achten, daß das Getriebe „stoßfrei" läuft, d. h. daß keine Unstetigkeit im Geschwindigkeitsablauf auftritt. Es ist daher zweckmäßig, den Bewegungsdiagrammen bestimmte mathematische Gesetzmäßigkeiten zugrunde zu legen, z. B. durch Vorgabe eines bestimmten Geschwindigkeits- oder Beschleunigungsablaufes.

Ein beliebiges Weg-Zeit-Diagramm werde durch die Funktion

$$s = f(t)$$

dargestellt. Daraus ergeben sich die dazugehörigen Geschwindigkeiten und Beschleunigungen zu

$$v = \dot{s} = \frac{\mathrm{d}s}{\mathrm{d}t} \quad \text{und} \quad b = \ddot{s} = \frac{\mathrm{d}^2 s}{\mathrm{d}t^2}\,.$$

Die für die folgenden Untersuchungen interessierenden maximalen Werte für v und b können durch folgende Aus-

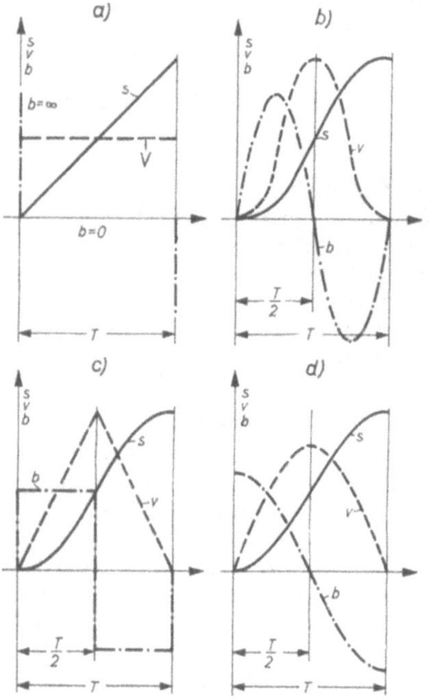

Bild 113.
Bewegungsgesetze für Kurvengetriebe.
a) Bewegungsgesetz 1: Gleichförmige Hubbewegung;
b) Bewegungsgesetz 2: Sinusförmiger Beschleunigungsverlauf
c) Bewegungsgesetz 3: Konstanter Beschleunigungsverlauf
d) Bewegungsgesetz 4: Sinusförmiger Verlauf der Hubbewegung.

drücke dargestellt werden:

$$v_m = \xi_m \frac{H}{T_{1,3}} \quad \text{und} \quad b_m = \eta_m \frac{H}{T_{1,3}^2} .$$

ξ_m und η_m sind Konstante und für ein bestimmtes Bewegungsgesetz charakteristisch.

4.3.1 Einfache Bewegungsgesetze

Vier Beispiele solcher Bewegungsgesetze seien nachstehend aufgeführt:

1. **Gleichförmiger Hub** (Bild 113 a):

$$s = \frac{H}{T_1} \cdot t\,; \quad v = \frac{H}{T_1}\,; \quad b = 0\,; \quad \xi_m = 1\,; \quad \eta_m = 0 .$$

Diese Kurvenform ergibt zwar eine gleichförmige Geschwindigkeit des Abtriebsgliedes, jedoch treten zu Beginn und Ende der Hubbewegung Unstetigkeiten in der Geschwindigkeit und damit Stöße auf.

2. **Sinusförmiger Beschleunigungsverlauf** (Bild 113 b):

$$s = H \left[t/T_1 - \frac{1}{2\pi} \sin\left(2\pi/T_1 \cdot t\right) \right];$$

$$v = H/T_1 \cdot \left[1 - \cos\left(2\pi/T_1 \cdot t\right)\right];$$

$$b = 2\pi \cdot H/T_1^2 \cdot \sin\left(2\pi/T_1 \cdot t\right);$$

Geltungsbereich: $0 \leqq t \leqq T_{1,3}$;

$$v_m = 2 \cdot H/T_1\,; \quad b_m = 2\pi \cdot H/T_1^2\,;$$

$$\xi_m = 2 \text{ bei } t = T_1/2\,; \quad \eta_m = 2\pi \text{ bei } t = T_1/4 .$$

3. **Konstanter Beschleunigungsverlauf:**

Die Forderung nach einem konstanten Verlauf der Beschleunigung führt zu einem Gesetz, das aus 2 Parabelästen zusammengesetzt wird.

In der Zeit $0 \leqq t \leqq T/2$ ist:

$$s = 2 \cdot H/T_1^2 \cdot t^2\,; \quad v = 4 \cdot H/T_1 \cdot t ,$$

in der Zeit $T_1/2 \leqq t \leqq T_1$ ist:

$$s = H - 2\,H/T_1^2 \cdot (T_1 - t^2)\,; \quad v = 4\,H/T_1^2 \cdot (T_1 - t) .$$

Die Beschleunigung b = konstant und ergibt sich zu

$$b = 4 \cdot H/T_1^2\,;$$

$$v_m = 2 \cdot H/T_1\,; \quad \xi_m = 2\,; \quad \eta_m = 4$$

$$\text{bei} \quad t = T_1/2\,.$$

4. **Sinoidischer Verlauf der Hubbewegung:**

$s = H/2\,[1 - \cos(\pi/T_1 \cdot t)]$,

$v = \pi/2 \cdot H/T_1 \cdot \sin(\pi/T_1 \cdot t)$, Geltungsbereich: $0 \leqq t \leqq T_1$

$b = \pi^2\, H/2\, T_1^2 \cdot \cos(\pi/T_1 \cdot t)$,

$v_m = \pi/2 \cdot H/T_1$, $b_m = \pi^2/2 \cdot H/T_1^2$

$\xi_m = \pi/2$ bei $t = T_1/2$, $\eta_m = \pi^2/2$
bei $t = 0$ und $t = T_1$.

Ein Vergleich der in Zahlentafel 1 zusammengestellten Beiwerte ξ_m und η_m zeigt, daß die auftretenden Geschwindigkeiten und Beschleunigungen sich durch die Wahl des Bewegungsgesetzes stark beeinflussen lassen, was besonders für rasch laufende Kurvenscheiben von Wichtigkeit ist.

Zahlentafel 1
Geschwindigkeitsbeiwerte ξ_m und η_m für einfache Bewegungsgesetze nach Bild 113

Bewegungsgesetz	1.	2.	3.	4.
ξ_m	1	2	2	1,57
η_m	0	6,28	4	4,93

4.3.2 Kombinierte Bewegungsgesetze

Beim Entwurf von Kurvengetrieben ist in vielen Fällen — vor allem im Werkzeugmaschinenbau — eine gleichförmige Hubbewegung, wie sie durch das Bewegungsgesetz 1, Abschnitt 4.3.1, erzeugt wird, erwünscht. Zur Vermeidung der bei diesem Bewegungsgesetz auftretenden „Stöße“ kann am Beginn und Ende der Hubbewegung ein

Zahlentafel 2

Verlauf des Hubweges s in Abhängigkeit von der Zeit t für die Bewegungsgesetze nach Bild 113 bei Normalhub H = 100 mm

$\frac{t}{T}$	Bewegungsgesetz		
	2.	3.	4.
0	0	0	0
0,1	0,63	2,00	2,45
0,2	4,85	8,00	9,55
0,3	14,85	18,00	20,60
0.4	30,63	32,00	34,55
0,5	50,00	50,00	50,00
0,6	69,37	68,00	65,45
0,7	85,15	82,00	79,40
0,8	95,15	92,00	90,45
0,9	99,37	98,00	97,55
1,0	100,00	100,00	100,00

Bewegungsgesetz mit gleichförmigem Geschwindigkeitsanstieg hinzugefügt werden. Dies führt zu den „kombinierten Bewegungsgesetzen" mit abgekürzter Beschleunigungszeit für Beginn und Ende der Hubbewegung unter Verwendung eines „Abkürzungsfaktors" n. Kombinierte Bewegungsgesetze gestatten es ferner, vorgeschriebene Höchstgeschwindigkeiten einzuhalten, wie im folgenden gezeigt werden soll. Somit kann der Bewegungs-, Geschwindigkeits- und Beschleunigungsverlauf durch geschickte Auswahl und Kombination von Bewegungsgesetzen weitgehend den Anforderungen angeglichen werden. Wesentliche Beiträge zur Systematik solcher Gesetze lieferten H. Finkelnburg[1]) und R. Beyer[2]) [38, 40].

Ein kombiniertes Bewegungsgesetz zur Erzielung des Hubes H in der Zeit T_1 besteht demnach:

1) Finkelnburg, H.: Systematik der Bewegungsgesetze. Maschinenbau/Der Betrieb, Beilage „Reuleaux-Mitt.", 1936, S. 695/697, 1937, S. 221, S. 425.

2) Beyer, R.: Zur Synthese der Bewegungsgesetze ebener und räumlicher Kurvengetriebe. Z. Konstruktion. 5. Jahrg. (1953) S. 188—192.

1. aus einem Bewegungsgesetz für den Beginn der Hubbewegung in der Zeit

$$0 \leqq t \leqq n_1 \cdot T_1, \quad s_I = f(H;\ T_1;\ t)\,,$$

2. aus einer gleichförmigen Hubbewegung

$$s_{II} = H/T_1 \cdot t \text{ in der Zeit } n_1 \cdot T_1 \leqq t \leqq (1-n_2) \cdot T_1\,,$$

3. aus einem Bewegungsgesetz für das Ende der Hubbewegung

$$s_{III} = f(H;\ T_1;\ t) \text{ in der Zeit } (1-n_2) \cdot T_1 \leqq t \leqq T_1\,.$$

Die auftretenden maximalen Geschwindigkeiten stehen in einem mathematischen Zusammenhang mit den gewählten Abkürzungsfaktoren n_1 und n_2, mit denen die für Beginn und Ende der Hubbewegung gewählten Bewegungsgesetze abgekürzt werden.

Dieser Zusammenhang wird nun für folgenden Sonderfall abgeleitet:

$n_1 = n_2 = n$ und gleiches Bewegungsgesetz $s = f\ (H;\ T_1;\ t)$ für Beginn und Ende der Hubbewegung (Bild 114).

Es gelte das Bewegungsgesetz
$s = f(H;\ T_1;\ t)$ mit
$v_m = \xi_m \cdot H/T_1$ und $b_m = \eta_m \cdot H/T_1$ von $0 \leqq t \leqq n \cdot T_1$ und $(1-n) \cdot T_1 \leqq t \leqq T_1$;
von $t = n \cdot T_1$ bis $t = (1-n) \cdot T_1$ gelte:
$s = H/T_1 \cdot t$,
also das Bewegungsgesetz mit gleichförmigem Hub.

Gesucht wird die als Funktion von n, ξ_m bzw. η_m auftretende maximale Geschwindigkeit v_m^* und Beschleunigung b_m^* bzw. die dazugehörigen Beiwerte ξ_m^* und η_m^*:

$$v_m^* = \xi_m^* \cdot \frac{H}{T_1}\,, \tag{1}$$

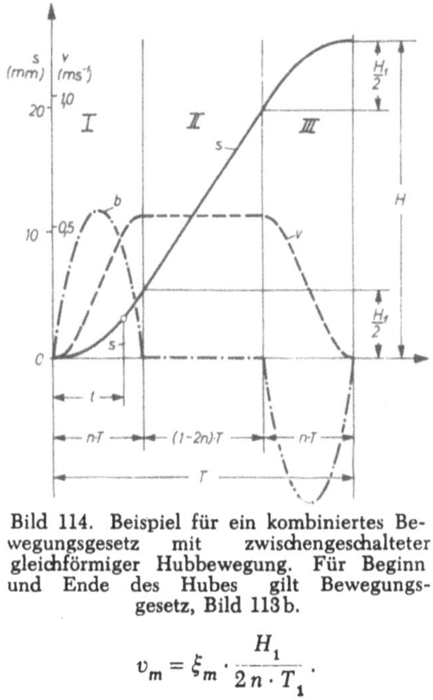

Bild 114. Beispiel für ein kombiniertes Bewegungsgesetz mit zwischengeschalteter gleichförmiger Hubbewegung. Für Beginn und Ende des Hubes gilt Bewegungsgesetz, Bild 113b.

$$v_m = \xi_m \cdot \frac{H_1}{2n \cdot T_1}. \tag{2}$$

Im Bereich $n \cdot T_1 \leqq t \leqq (1-n) \cdot T_1$ ist ferner

$$v_m = \frac{H - H_1}{(1-2n) \cdot T_1} = \xi_m^* \cdot \frac{H}{T_1}. \tag{3}$$

Zur Zeit $(t - n \cdot T_1)$ gilt die Bedingung $v_m = v_m^*$; aus $(1) = (2)$ ergibt sich

$$H_1 = 2n \cdot H \cdot \frac{\xi_m^*}{\xi_m}. \tag{4}$$

Mit Einsatz von (4) in (3) erhält man

$$\boxed{\xi_m^* = \frac{\xi_m}{2n + \xi_m (1-2n)}}. \tag{5}$$

Für η_m^* gilt: $b_m = b_m^*$

$$\eta_m^* \cdot \frac{H}{T_1^2} = \eta_m \cdot \frac{H_1}{4\,n^2 \cdot T_1^2} \,. \tag{6}$$

Gleichung (4) in (6) ergibt:

$$\boxed{\eta_m^* = \eta_m \cdot \frac{\xi_m^*}{2\,n \cdot \xi_m}} \,. \tag{7}$$

Für $n = 0$ wird $\xi_m^* = 1$, d. h. das kombinierte Bewegungsgesetz geht in das Gesetz 1, Abschnitt 4.3.1 über (gleichförmiger Hub). Setzt man $n = 0{,}5$, so gilt für den ganzen Bereich T_1 das zunächst nur für Beginn und Ende der Hubbewegung gewählte Gesetz. Ein gleichförmiger Hub tritt dann nicht mehr auf. Die Gleichungen (5) und (7) zeigen, daß durch Abkürzung der Beschleunigungszeit die Geschwindigkeit verringert und die Beschleunigung vergrößert wird. Durch geeignete Wahl von n können demnach Bewegungsgesetze mit vorgeschriebenen Höchstwerten von Geschwindigkeit oder Beschleunigung gefunden werden, die beim Entwurf einer Kurvenscheibe eingehalten werden sollen.

4.3.3. Beispiel für ein kombiniertes Bewegungsgesetz (Bild 114)

Gewählt: $s = H\,[t/T_1 - 1/2\,\pi \cdot \sin(2\,\pi/T_1 \cdot t)]$ (Gesetz 2, Abschn. 4.3.1) mit $\xi_m = 2$ und $\eta_m = 2\,\pi$.

Nach den Gleichungen (5) und (7) in Abschnitt 4.3.2 ergeben sich die in Tafel 3 zusammengestellten Geschwindigkeits- und Beschleunigungswerte ξ_m^* und η_m^* in Abhängigkeit vom Abkürzungsfaktor n. Daraus kann je nach der geforderten Höchstgeschwindigkeit oder der zulässigen Höchstbeschleunigung ein Abkürzungsfaktor n ausgewählt werden. Beispielsweise bietet $n = 0{,}3$ gegenüber dem ungekürzten Bewegungsgesetz 2 ein um 28 % geringeres v_m bei einer um 19 % erhöhten Beschleunigung b_m.

Zahlentafel 3

Geschwindigkeitsbeiwerte ξ_m^* und η_m^* für das kombinierte Bewegungsgesetz nach Abschnitt 4.3.3 in Abhängigkeit vom Abkürzungsfaktor n

n	0	0,1	0,2	0,3	0,4	0,5
ξ_m^*	1,00	1,111	1,25	1,428	1,667	2,00
η_m^*	0	17,45	9,818	7,48	6,545	6,283

Für das kombinierte Bewegungsgesetz gelten die Hubformeln:

Bereich I: $0 \leqq t \leqq n \cdot T_1$,

$$s_I = H_1 \left[\frac{t}{2n \cdot T_1} - \frac{1}{2\pi}\left(\sin \frac{2\pi}{2n \cdot T_1} \cdot t\right)\right];$$

Bereich II: $n \cdot T_1 \leqq t \leqq (1-n) \cdot T_1$,

$$s_{II} = \xi_m^* \cdot \frac{H}{T_1} \cdot t - \frac{\xi_m^* (\xi_m - 1)}{\xi_m} \cdot n \cdot H;$$

Bereich III: $(1-n) \cdot T_1 \leqq t \leqq T_1$,

$$s_{III} = H - H_1 \cdot \left[\frac{t}{2n \cdot T_1} - \frac{1}{2\pi}\left(\sin \frac{2\pi}{2n \cdot T_1} \cdot t\right)\right].$$

Bei öfterem Gebrauch eines Bewegungsgesetzes ist die Anlage einer Tabelle für den Normalhub $H = 100$ mm zweckmäßig, wie dies für das folgende Beispiel in Zahlentafel 4 geschehen ist.

Bezüglich einer weitergehenden Behandlung der kombinierten Bewegungsgesetze sei auf R. Beyer [38, 40] verwiesen.

4.4 Ermittlung des Grundkreishalbmessers

Beim Übertragen des Zeit-Weg-Schaubildes auf die Ebene der Kurvenscheibe geht man davon aus, daß der Übertragungswinkel μ (Bild 115) nicht zu klein wird. Bei gegebenem Bewegungsgesetz ist dies dadurch möglich, daß man den Grund-Kreishalbmesser r_0 so bestimmt, daß die

Zahlentafel 4

Verlauf des Hubweges s in Abhängigkeit von der Zeit t für das kombinierte Bewegungsgesetz nach Abschn. 4.3.3 bei Normalhub H = 100 mm.

	Hubweg s					
n	0	0,1	0,2	0,3	0,4	0,5
$\frac{t}{T} = 0$	0	0	0	0	0	0
0,1	10,00	5,60	2,30	1,20	0,80	0,65
0,2	20,00	16,70	12,50	8,30	6,10	4,90
0,3	30,00	27,80	25,00	21,40	17,50	14,90
0,4	40,00	38,90	37,50	35,70	33,30	30,70
0,5	50,00	50,00	50,00	50,00	50,00	50,00
0,6	60,00	61,10	62,50	64,30	66,70	69,40
0,7	70,00	72,20	75,00	78,60	82,50	85,10
0,8	80,00	83,30	87,50	91,60	93,90	95,10
0,9	90,00	94,40	97,70	98,80	99,20	99,35
1,0	100,00	100,00	100,00	100,00	100,00	100,00

zulässigen Werte für μ nicht unterschritten werden. Übliche Gebrauchswerte für μ sind mindestens 45° für langsamlaufende und bis zu 60° für schnellaufende Getriebe. Stets ist erwünscht, den Grundkreis nur gerade so groß zu machen, wie es der zulässige Übertragungswinkel erfordert, um Massen, Normalbeschleunigungen und Fliehkräfte gering zu halten. Nach Flocke[1]) treten die kleinsten Übertragungswinkel an den Flanken einer Kurvenscheibe meist an den Stellen maximaler Schieber bzw. Schwinghebelgeschwindigkeit v_m auf.

Definition des Übertragungswinkels μ (Bild 115).

Die Geschwindigkeitsverhältnisse an einem Punkt B der Anlauf- oder Ablaufflanke sind gekennzeichnet

[1]) K. Flocke, Zur Konstruktion von Kurvenscheiben bei Verarbeitungsmaschinen. VDI-Forschungsheft Nr. 345, Berlin 1931.

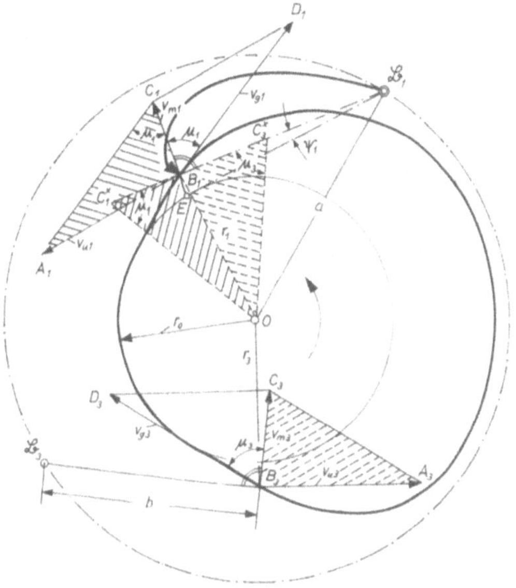

Bild 115. Zur Ableitung der Konstruktion des kleinsten Grundkreishalbmessers r_0 aus den vorgeschriebenen Übertragungswinkeln μ_1 und μ_3 für ein Kurvenschwinggetriebe

1. durch die Schieber- oder Schwinghebelgeschwindigkeit v_m,
2. durch die Umfangsgeschwindigkeit v_u und
3. durch die daraus resultierende Gleitgeschwindigkeit v_g tangential zur Flanke.

Der in diesem Geschwindigkeits-Dreieck $B_1C_1D_1$ ($B_3C_3D_3$) zwischen v_m und v_g auftretende Winkel $C_1B_1D_1$ ($C_3B_3D_3$) wird als der Übertragungswinkel[1]) μ_1 (μ_3) be-

[1]) In den USA wird zur Beurteilung der Güte der Kraftübertragung der „Pressungswinkel" $\alpha = 90 - \mu$ benutzt.
Prof. H. A. Rothbart u. K. Hain, Die Kurvengetriebe und ihre Behandlung im Schrifttum des englischen Sprachgebietes. Z. Konstruktion 11. Jahrg. (1959) S. 360—363.

zeichnet. Für die Ermittlung des Grundkreishalbmessers r_0 sind die Übertragungswinkel μ_1 und μ_3 (Bild 115) an den Stellen maximaler Geschwindigkeit v_{m1} und v_{m3} der Anlauf- bzw. Ablaufflanke maßgebend. Demnach hängt r_0 außer von den Verhältnissen von Anlauf- und Ablaufzeit zur Gesamtzeit (T_1/T; T_3/T) eines Arbeitsganges nur von den geometrischen Eigenschaften der für An- und Ablauf verwendeten Bewegungsgesetze ab. Zur Ermittlung des kleinsten Grundkreishalbmessers r_0 sei ein von R. Beyer[2]) [38] entwickeltes Verfahren angegeben, das aus Bild 115 ableitbar ist.

Voraussetzung für die Anwendung dieses graphischen Verfahrens ist die Wahl eines geeigneten Geschwindigkeitsmaßstabes M_v. Soll die Konstruktion der Kurvenscheibe mit dem Zeichenmaßstab

$$M_z = X \text{ [cm/m]}$$

erfolgen, so muß für die Ermittlung von r_0 der Geschwindigkeitsmaßstab

$$M_v = M_z/\omega = X/\omega \text{ [cm/ms}^{-1}\text{]}$$

verwendet werden.

Es ergibt sich dann folgende rezeptartig gebotene Lösung für r_0:

1. **Kurvenscheibe mit Schwinghebel.**

Fall 1 (Bild 115): v_{m1} und v_{m3} sind gegeben und treten sowohl an der Anlauf- als auch an der Ablaufflanke bei gleichen Höhen $h_1 = h_3$ bzw. Schwingwinkeln $\psi_1 = \psi_3$ auf.

Gegeben ist ferner: Länge des Schwinghebels:

$$b = H/\psi,$$

Übertragungswinkel μ_1 und μ_3.

Nach Umrechnung von v_{m1} und v_{m3} mit Hilfe des Geschwindigkeitsmaßstabes in die Längen l_1 und l_3

[2]) R. Beyer, Zur Synthese ebener Kurvenscheibengetriebe. Z. Konstruktion 4. Jahrg. (1952) S. 208—210.

zeichnet man $C_1^+ B_1 = l_1$ und $B_1 C_3^+ = l_3$. Durch Antragen von μ_1 in C_1^+ und μ_3 in C_3^+ findet man Punkt O. Dann macht man $\overline{B_1 \mathfrak{B}_1} = b$ und schlägt um $\mathfrak{B}_1$ mit Halbmesser b den Kreisbogen $\overline{B_1 E}$ von der Länge $h_1 = h_3$ und findet für den gesuchten Grundkreishalbmesser r_0 die Strecke $\overline{EO}$. Der dazugehörige Achsabstand a ist durch $\overline{O\mathfrak{B}}$ gegeben.

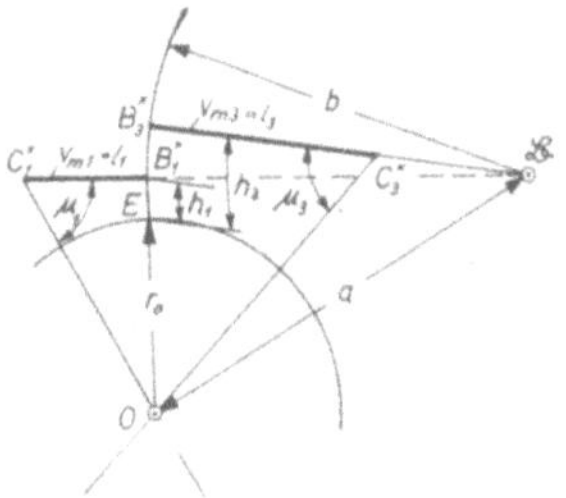

Bild 116. Hilfsschaubild zur Konstruktion des kleinsten Grundkreishalbmessers r_0 für ein Kurvenschwinggetriebe.

Fall 2 (Bild 116 und 119):

$$h_1 \neq h_3 \text{ bzw. } \psi_1 \neq \psi_3.$$

Treten die ungünstigsten Übertragungswinkel an der Anlaufflanke beim Hub h_1 und an der Ablaufflanke beim Hub h_3 auf (siehe Beispiel im Abschnitt 4.6), so gilt folgende Konstruktion:

Man macht $\overline{C_1^+ B_1^+} = l_1$ und $\overline{B_1^+ \mathfrak{B}} = b$, schlägt um $\mathfrak{B}$ einen Kreisbogen mit Halbmesser b und trägt darauf die Strecken $B_1^+ E = h_1$ (bzw. Winkel $B_1^+ \mathfrak{B} E = \psi_1$) und $h_3 = \overline{EB_3^+}$ ($\sphericalangle\, E\mathfrak{B}B_3^+ = \psi_3$) ab, zeichnet zunächst die Gerade $\overline{B_3^+ \mathfrak{B}}$ mit der Strecke $\overline{B_3^+ C_3^+} = l_3$ und dann die Winkel $B_1^+ C_1^+ O = \mu_1$ und $B_3^+ C_3^+ O = \mu_3$ und findet O. Strecke $\overline{EO}$ ergibt r_0 und $\overline{O\mathfrak{B}}$ Achsabstand a.

2. **Kurvenscheibe mit exzentrisch geführtem Schieber** (Bild 117 und 120).

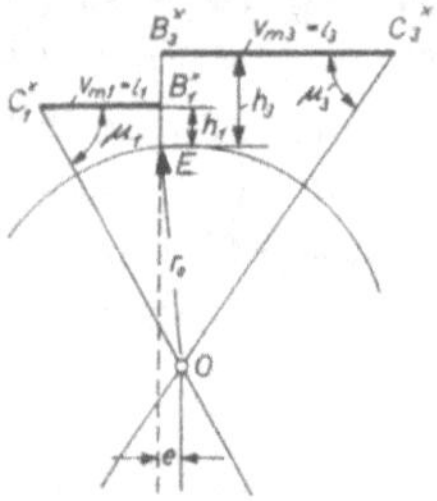

Bild 117. Hilfsschaubild zur Konstruktion des kleinsten Grundkreishalbmessers r_0 für ein Kurvenschubgetriebe.

Die Konstruktion von r_0 geht aus Bild 117 hervor. Der Mittelpunkt O ist durch den Schnittpunkt der beiden freien Schenkel von μ_1 und μ_3 gegeben. Er liegt um den Abstand e von der Schubrichtung EB_3^+ entfernt. Die Hubrichtung des Schiebers liegt in der Verlängerung von EB_3^+.

3. **Gerader Kurvenschub** (Trommelkurven) (Bild 118).

Beim Kurvenschub mit rechtwinkligen Koordinaten ist die gesamte Kurvenlänge, die zur Einhaltung eines vorgeschriebenen Übertragungswinkels notwendig ist, leicht rechnerisch zu ermitteln.

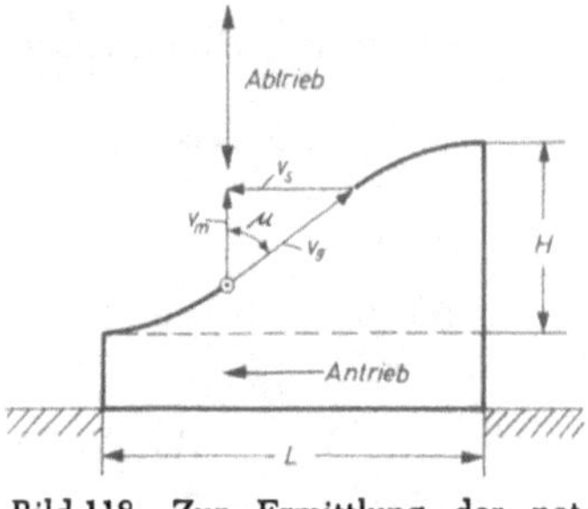

Bild 118. Zur Ermittlung der notwendigen Mindestlänge eines geraden Kurvenschubes zur Einhaltung eines vorgeschriebenen Übertragungswinkels

$v_S = L_{min}/T_1$ = Schubgeschwindigkeit (Umfangsgeschwindigkeit der Trommel)

v_g = Gleitgeschwindigkeit (tangential zur Kurvenflanke)

$v_m = \xi_m \cdot H/T_1$ = maximale Hubgeschwindigkeit.

Für den Fall eines kombinierten Bewegungsgesetzes ist ξ_m durch ξ_m^* zu ersetzen.

Es muß sein:

$$\operatorname{tg} \mu = v_S/v_m\,, \quad \text{dann ist}$$
$$L_{min} = \xi_m \cdot H \cdot \operatorname{tg} \mu\,.$$

Gerade Kurvenschübe, aufgetragen auf einem Zylinderumfang (Trommel), finden im Werkzeugmaschinenbau zur Steuerung von Werkzeugbewegungen vielfach Verwendung.

4.5 Konstruktion der Kurvenscheiben

Nach Ermittlung eines geeigneten Bewegungsgesetzes (Abschnitt 4.3) kann nun ausgehend von dem in Abschnitt 4.4 ermittelten Grundkreishalbmesser r_0 die Kurvenscheibe konstruiert werden.

Bei einer **Kurvenscheibe mit Schwinghebel** (Bild 119) schlägt man um *O* Kreise mit r_0 und Achsabstand *a*. Den letzteren teilt man in die gleiche Anzahl Teile wie die Zeitstrecke des Weg-Zeit-Schaubildes. Um jeden dieser Punkte schlägt man einen Kreisbogen mit der angenommenen Hebellänge *b*, auf dem man von r_0 aus die entsprechenden Hubstrecken *s* des Weg-Zeit-Diagramms im Bogenmaß aufträgt.

Bei einer **Kurvenscheibe mit exzentrischem Schieber** (Bild 120) schlägt man um *O* Kreise mit Halbmesser *e* und r_0 sowie einen Teilkreis k_0 mit beliebigem Radius. Diesen teilt man, beginnend beim Schnittpunkt, mit der Schubrichtung in die gleiche Zahl Teile wie die Zeit-

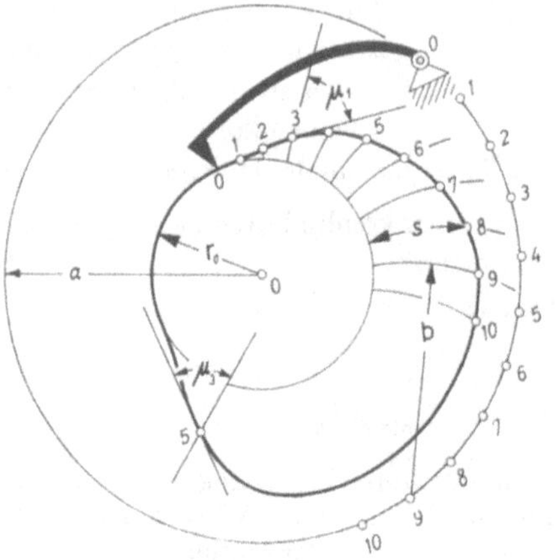

Bild 119. Zur Konstruktion einer Kurvenscheibe mit Schwinghebel. Bewegungsgesetze nach Beispiel in Abschnitt 4.6.

strecke des Weg-Zeit-Schaubildes. Durch die einzelnen Teilpunkte zieht man Tangenten an den Kreis mit Halbmesser e. Auf diesem trägt man von r_0 aus die Hubstrecken des Weg-Zeit-Diagramms auf.

Nach dem Aufzeichnen der Kurven (Bild 119 und 120) empfiehlt sich nachzuprüfen, ob an den Punkten maximaler Geschwindigkeit die vorgeschriebenen Übertragungswinkel μ_1 und μ_3 vorhanden sind.

4.6 Beispiel zum Entwurf einer Kurvenscheibe

Durch eine Kurvenscheibe, die sich mit 300 U/min dreht, soll innerhalb eines Drehwinkels von $\varphi_1 = 120°$ ein Hub H von 0,025 m erzeugt werden. Der Schwinghebel bestreiche dabei einen Winkel von $\psi_1 = 30°$. Der Hebel verbleibe für $\varphi_2 = 60°$ in der oberen und für $\varphi_4 = 90°$ in der unteren Rast.

Zusatzbedingungen: Der Hinlauf möge mit der Beschleunigung Null beginnen und enden, die maximale Schwinghebel- (Schieber-) Geschwindigkeit soll dabei 0,6 m/s^{-1} nicht überschreiten. Der Rücklauf erfolge mit konstanter Beschleunigung bzw. Verzögerung.

Berechnet: $T_{ges} = 60/n = 0{,}2\,s$; $T_1 = \varphi_1 \cdot T/360 = 0{,}067\,s$,
$T_2 = \varphi_2 \cdot T_{ges}/360 = 0{,}033\,s$, $T_3 = 0{,}05\,s$, $T_4 = 0{,}05\,s$,
$\omega = \pi\, n/30 = 31{,}4\,s^{-1}$.

Für den Hinlauf wird das abgekürzte Bewegungsgesetz nach Abschnitt 4.3.3 (Bild 114) gewählt:

$$v_{m1} = \xi_m^* \cdot H/T_1 = 0{,}6\ \mathrm{ms}^{-1}, \quad \xi_m^* = 0{,}067/0{,}025 \cdot 0{,}6 = 1{,}61.$$

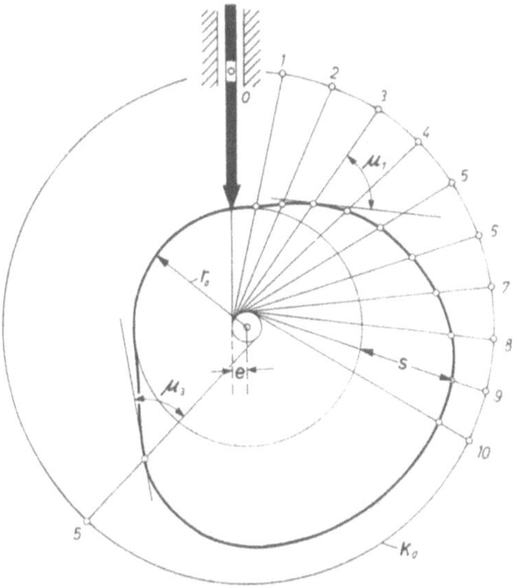

Bild 120. Zur Konstruktion einer Kurvenscheibe mit exzentrischem Schieber. Bewegungsgesetze nach Beispiel in Abschnitt 4.6.

Nach Zahlentafel 3, S. 141, wird der Abkürzungsfaktor $n = 0{,}3$ mit $\xi_m^* = 1{,}428$ und $\eta_m^* = 7{,}48$ gewählt.

Kontrolle: $v_m^* = 1{,}428 \cdot 0{,}025/0{,}067 = 0{,}535\ \mathrm{ms}^{-1} \leqq 0{,}6\ \mathrm{ms}^{-1}$,

$b_m^* = 7{,}48 \cdot 0{,}025/0{,}067^2 = 41{,}6\ \mathrm{ms}^{-2}$.

Der Hubverlauf für den Normalhub $H = 100$ mm und den Abkürzungsfaktor $n = 0{,}3$ kann aus Zahlentafel 4, Spalte 3, entnommen werden. Für den hier geforderten Hub von 0,025 m ergibt sich dann:

$t/T_1 =$	0	0,1	0,2	0,3	0,4	0,5	0,6	0,7	0,8	0,9	1,0
s [mm]	0	0,3	2,1	5,4	8,9	12,5	16,1	19,6	22,9	24,7	25,0

Für den Rücklauf, der mit konstanter Beschleunigung bzw. Verzögerung erfolgen soll, wird das Bewegungsgesetz 3, Abschnitt 4.3.1 (Bild 113c), gewählt. Nach Zahlentafel 1, Spalte 3, ist $\xi_m = 2$ und $\eta_m = 4$.

Damit ergibt sich die maximale Geschwindigkeit und Beschleunigung zu

$$v_{m\,3} = 2 \cdot 0{,}025/0{,}05 = 1{,}0\ \mathrm{ms}^{-1}, \quad b_{m\,3} = 4 \cdot 0{,}025/0{,}05^2 = 40\ \mathrm{ms}^{-2}.$$

Der Hubverlauf für $H = 100$ mm kann aus Zahlentafel 2, Spalte 2, entnommen werden. Für $H = 25$ mm ergibt sich:

$t/T_3 =$	0	0,1	0,2	0,3	0,4	0,5	0,6	0,7	0,8	0,9	1,0
s [mm] =	0	0,5	2,0	4,5	8,0	12,5	17,0	20,5	23,0	24,5	25,0

Konstruktion des Grundkreishalbmessers:

Gewählt: Zeichenmaßstab $M_z = 100$ cm/m, dann ist der Geschwindigkeitsmaßstab $M_v = M_z/\omega = 3{,}18\ \mathrm{cm/ms}^{-1}$,

Übertragungswinkel $\mu_1 = 60°$,

$\mu_3 = 55°$.

Punkte maximaler Geschwindigkeit:

Hinlauf $t/T_1 = 0{,}3$; $s = 5{,}4$ mm; $v_{m1} = 0{,}535\ \mathrm{ms}^{-1}$

Rücklauf $t/T_3 = 0{,}5$; $s = 12{,}5$ mm; $v_{m3} = 1{,}0\ \mathrm{ms}^{-1}$.

Unter Einführung des Geschwindigkeitsmaßstabes M_v wird

$$v_{m1} \mathrel{\widehat{=}} l_1 = 1{,}7\ \mathrm{cm}, \quad v_{m3} \mathrel{\widehat{=}} l_3 = 3{,}18\ \mathrm{cm}.$$

Fall 1 Kurvenscheibe mit Schwinghebel (Bild 116):
Die Schwinghebellänge errechnet sich zu $b = H/\psi = 25 \cdot 6/\pi = 47{,}8$ mm. Die Konstruktion erfolgt, wie in Abschnitt 4.4, Punkt 1 beschrieben, in dem Hilfsbild 116. Der gesuchte Grundkreishalbmesser r_0 ergibt sich zu 25,8 mm, der Achsabstand a zu 60,5 mm.

Fall 2 Kurvenscheibe mit Schieber (Bild 117):
Die Konstruktion erfolgt nach Abschnitt 4.4, Punkt 2. Das Hilfsbild 117 ergibt einen Grundkreishalbmesser r_0 von 29,5 mm und eine Exzentrizität e des Schiebers gegenüber dem Mittelpunkt O von 3,3 mm.

Konstruktion der Kurvenscheiben:

Sie erfolgt wie in Abschnitt 4.5 beschrieben und ist in Bild 119 und 120 dargestellt.

4.7 Kurvenscheiben mit kreisförmiger Begrenzung

Beim Bau von Verbrennungskraftmaschinen sind vielfach Nocken üblich, die durch Kreisbögen begrenzt sind. Um Stöße zu vermeiden, ist es unbedingt notwendig, daß die einzelnen Begrenzungslinien tangential ineinander übergehen. Eine gleichförmige Bewegung ist hierdurch nicht möglich und auch bei den schnellen Bewegungen der Ventile nicht erforderlich.

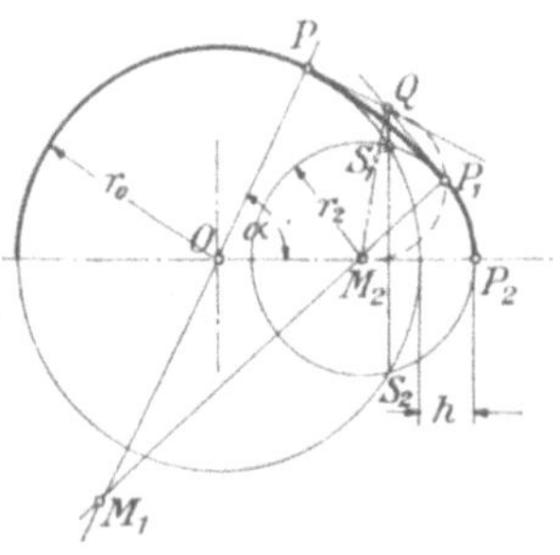

Bild 121. Kurvenscheibe aus Kreisbögen zusammengesetzt; gegeben r_0, a, H und r_2.

Die Kreismittelpunkte und Übergänge werden vielfach rein gefühlsmäßig durch Probieren ermittelt, die folgenden praktischen Konstruktionen sollen das Aufzeichnen erleichtern.

Die Bestimmungsstücke für Nocken sind: Grundkreishalbmesser r_0, Öffnungswinkel $2\,a$ und Hub H. Ferner kann noch gegeben sein der Kuppenkreis r_2 oder der Übergangskreis r_1 bzw. bei $r_1 = \infty$ nur der Kuppelkreis r_2; in jedem Fall ist dann das Nockenprofil bestimmt.

Aufgabe 1 (Bild 121). Gegeben r_0, a, H und r_2, damit sind die Punkte P, P_2 und M_2 bestimmt. Man ziehe in P die Tangente an den Grundkreis und verbinde die Schnittpunkte S_1 und S_2 der beiden Kreise r_0 und r_2, beide Geraden schneiden sich in Q. Der Halbkreis über $\overline{M_2Q}$ schneidet den Kreis r_2 in P_1. Die Verbindungslinie $\overline{P_1M_2}$ schneidet PO im gesuchten Mittelpunkt M_1.

Aufgabe 2 (Bild 122). Gegeben r_0, a, H und r_2, damit sind die Punkte P, P_2, M_1 bestimmt. Man macht $P_2K = r_1$; verbindet M_1 mit K und errichtet darauf die Mittelsenkrechte, die OP_2 im gesuchten Mittelpunkt M_2 schneidet. Die Verbindungslinie M_1M_2 ergibt P_1.

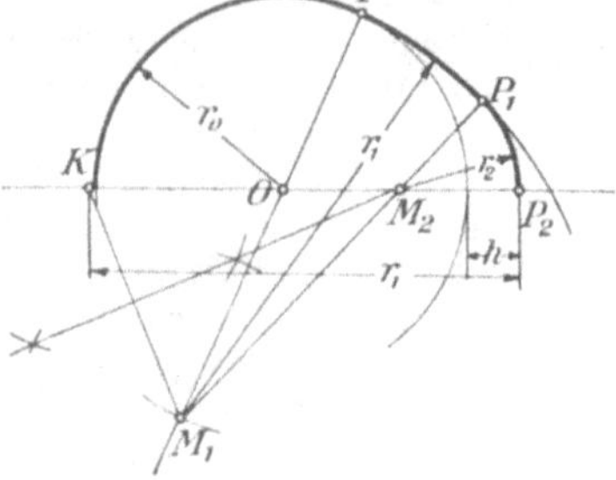

Bild 122. Kurvenscheibe, aus Kreisbögen zusammengesetzt; gegeben r_0, a, H u. r_1.

Aufgabe 3 (Bild 123). Gegeben r_0, a, H, der Übergangshalbmesser $r_1 = \infty$. Man halbiert den Winkel a in O und fällt auf den freien Schenkel von P_2 aus das Lot, dieses schneidet die Tangente in P im Punkt P_1.

Eine Parallele zu OP durch P_1 schneidet auf OP_2 den Mittelpunkt M_2 des Kuppenkreises r_2.

Die Nockenprofile nach Bild 121 und Bild 122 sind sowohl für Rollen, als auch Pilzstößel geeignet, dagegen die mit geradlinigem Übergang (Bild 123) nur für Rollenstößel; bei Pilzstößeln würde ein Aufschlagen auftreten.

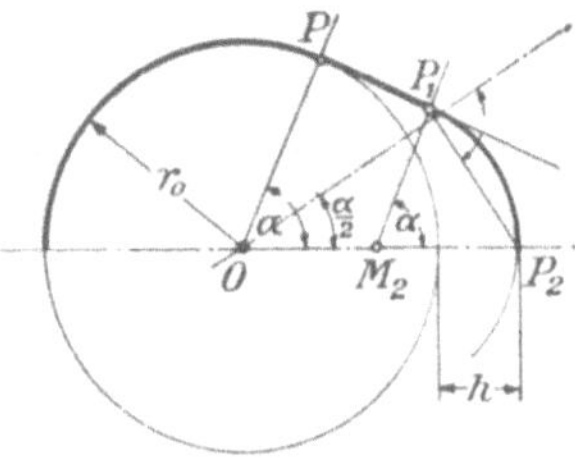

Bild 123. Kurvenscheibe, aus Kreisbögen und geradem Abschnitt zusammengesetzt.

Die **Mittelpunktsbahnen** dieser Kurvenscheiben sind ebenfalls Kreisbogen mit den gleichen Mittelpunkten O, M_1 und M_2. Zur Geschwindigkeits- und Beschleunigungsermittlung benutzt man die in Abschnitt 5, Seite 98 angegebenen Ersatzgetriebe.

5. Grundgesetze der Verzahnung

Gegeben sind zwei sich um ihre Achsen drehende Körper. Die beiden Körper sind an den berührenden Flächen so zu formen, daß die Bewegung des einen Körpers eindeutig auf den anderen übertragen wird. Bei dem einfachen Fall paralleler Achsen (Bild 124) drehen sich die Zahnkurven tragenden Ebenen E_1 und E_2 um die in der ruhenden Ebene E_0 liegenden Drehpunkte M_1 und M_2. Die beiden sich ständig berührenden Zahnkurven c_1 und c_2 berühren sich augenblicklich im *Eingriffspunkt* A, der während der Drehung der Körper seine Lage zur festen Ebene E_0 ändert; er bewegt sich auf der sogenannten

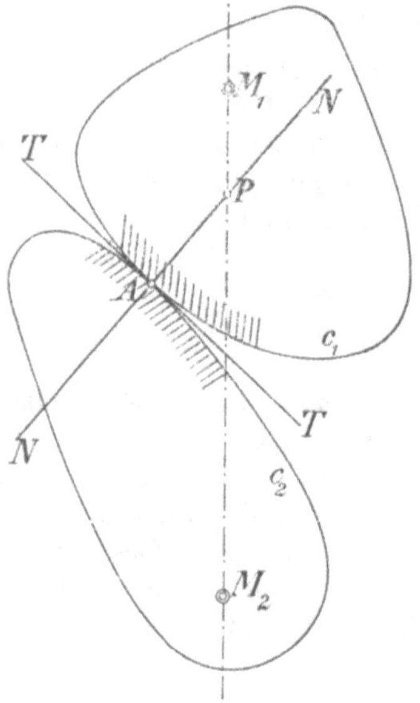

Bild 124. Zahnkurven, Drehung um parallele Achsen.

Eingriffslinie e (siehe Bild 125)[1]). Der Momentanpol P der Bewegung liegt im Schnittpunkt der Normalen von c_1 und c_2 im Berührungspunkt A und der Verbindungslinie $\overline{M_1 M_2}$. Der Momentanpol kann bei Drehung der Räder nur auf der Geraden $\overline{M_1 M_2}$ wandern (s. Seite 57). Gegenüber den Zahnkörpern kann er sich auf zwei Polkurven p_1 und p_2 bewegen.

Im allgemeinen wird die Forderung gestellt, daß einer gleichförmigen Drehung des einen Zahnkörpers eine gleichförmige Drehung des anderen entspricht. Für den Pol P ist nun nach Abschnitt 3.4, Seite 57

$$R_1 \cdot \omega_1 = R_2 \cdot \omega_2 \,;$$

sollen nun ω_1 und ω_2 während der gesamten Bewegung gleich bleiben[1]), so folgert hieraus, daß

$$\frac{R_2}{R_1} = \frac{\omega_1}{\omega_2} = i = \text{konst.}\,,$$

wobei i = Übersetzungsverhältnis, d. h. der Pol der Bewegung behält seine Lage auf $M_1 M_2$ während der Dauer

---

1) Die Eingriffslinie ist die Bahn des Berührungspunktes in der feststehenden Ebene E_0.

der Bewegung (Bild 125) bei. Die Polbahnen p_1 und p_2 gehen in Kreise k_1 und k_2 mit den Halbmessern R_1 und R_2 über. Da sich während der Bewegung die beiden Kreise k_1 und k_2 aufeinander abwälzen, ohne zu gleiten, nennt man sie auch *Wälzkreise* (Teilkreise) der Zahnräder und den Pol P *Wälzpunkt.*

Man erkennt ferner, daß die Normale im jeweiligen Berührungspunkt der Zahnflanken stets durch den Pol oder Wälzpunkt P geht. Eine wichtige Aufgabe ist, zu einem gegebenen Zahnprofil c_1 die Eingriffslinie e und das Gegenprofil c_2 des anderen Rades zu ermitteln (Bild 125, Lösung nach F. Reuleaux).

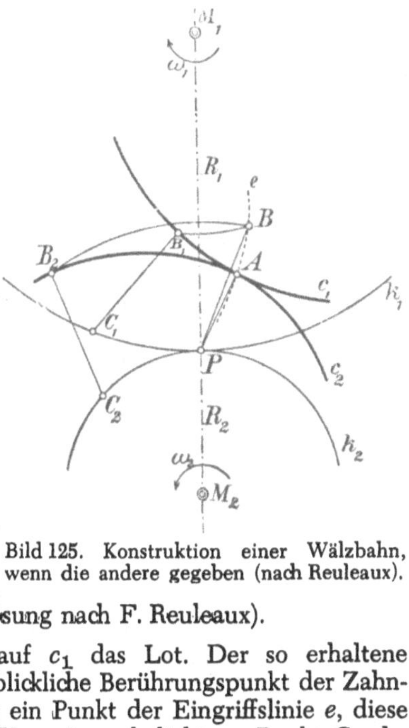

Bild 125. Konstruktion einer Wälzbahn, wenn die andere gegeben (nach Reuleaux).

Man fällt von P auf c_1 das Lot. Der so erhaltene Punkt A ist der augenblickliche Berührungspunkt der Zahnflanke und gleichzeitig ein Punkt der Eingriffslinie e, diese geht ferner durch P. Von einem beliebigen Punkt C_1 des Teilkreises k_1 fällen wir das Lot auf c_1, dies ergibt den Punkt B_1. B_1 kommt in Eingriff, wenn sich Rad E_1 so weit gedreht hat, daß C_1 mit P zusammenfällt; dann fällt B_1 mit dem Punkt auf der Eingriffslinie e zusammen. Wir finden also B durch Schlagen der Kreisbogen $\overline{M_1B_1}$ um M_1 und $\overline{C_1B_1}$ um P. Um die Eingriffslinie e ganz zu

[1]) Ist eine bestimmte Beziehung zwischen ω_1 und ω_2 gegeben, z. B. $\omega_1 = f(\omega_2)$ so ergeben sich *unrunde Zahnräder.*

ermitteln, nimmt man, möglichst im gleichen Abstand, verschiedene Punkte C_1 an. Der Abstand der gefundenen Punkte B_1 und B ergibt ein Bild des zeitlichen Ablaufs der Abwälzbewegung.

Der B und B_1 entsprechende Punkt B_2 des Gegenprofils c_2 liegt auf einem um M_2 mit $\overline{M_2B}$ geschlagenen Kreise. Man macht Bogen $\widehat{C_2P}$ auf Teilkreis k_2 = Bogen $\widehat{C_1P}$ und schlägt um C_2 einen Kreisbogen mit $\overline{PB} = \overline{C_1B_1}$. Der Schnittpunkt beider Kreise ergibt B_2 auf c_2. Die Linie B_2C_2 ist eine Normale des gesuchten Zahnprofils c_2. Wurden die Punkte C_1 in gleichem Abstand auf dem Teilkreis gewählt, so ergibt der jeweilige Abstand entsprechend Punkt B_1 und B_2 ein Bild der Gleitgeschwindigkeit längs der Zahnflanken.

Wie man aus diesem Verfahren erkennt, kann man als Zahnflanke jede beliebig geformte Kurve verwenden, deren Normalen den Wälzkreis schneiden. Bei den üblichen Verzahnungen ist die Eingriffslinie e ihrer Form nach gegeben.

Bei der **Zykloidenverzahnung** besteht die Eingriffslinie aus zwei Kreisabschnitten, die sich im Teilkreis berühren, bei der **Evolventenverzahnung** aus einer unter dem Eingriffswinkel α geneigten Geraden. Die Evolventenverzahnung hat den Vorteil, daß der Achsenabstand $\overline{M_1M_2}$ keinen Einfluß auf die Gleichförmigkeit der Bewegungsübertragung hat, so daß sich die Betriebsfehler selbständig ausgleichen. (Näheres über Verzahnungsarten siehe Sammlung Göschen, Band 3/3a.)

Sind die Zähne eines Rades als zylindrische Zapfen (Treibstöcke) ausgebildet, so werden die Flanken des Gegenrades Äquidistanten zu Zykloiden. Diese Zahnform ist nicht günstig, da sie nicht erlaubt, Satzräder auszubilden, d. h. Zähne einer Gruppe von Rädern verschiedener Zähnezahl austauschbar zu machen. Ein besonderes Getriebe dieser Art ist das *Grissongetriebe* mit einem Zahn für hohe Übersetzungen (siehe H. Polster, Schrifttum 7).

6. Wälzhebelgetriebe[1])

Wälzhebel dienen zur Übertragung von Bewegungen mit veränderlicher Übersetzung. Meist ist die Bedingung gestellt, daß die beiden *Wälzkurven* aufeinander abrollen sollen, ohne zu gleiten; dann bestehen die gleichen Beziehungen wie zwischen zwei Polbahnen. Man kann also ein beliebig gegebenes Polbahnpaar (z. B. eines Gelenkvierecks) als Wälzhebel benutzen.

Man unterscheidet nach ihrer Aufstellung *Wälzhebelgetriebe mit festen Drehpunkten* (Bild 126 und 127) und *Wälzhebelgetriebe mit fester Wälzbank* (Bild 128 a und b), vielfach auch als Wälzhebel mit beweglichem Drehpunkt bezeichnet, da bei Führung eines Drehpunktes des bewegten Wälzhebels auf einer bestimmten Bahn (meist Gerade) der andere Drehpunkt eine Kurve beschreibt.

Wälzhebel mit festen Drehpunkten. Die beiden Wälzhebel drehen sich um die festen Drehpunkte 1 und 2. Damit ein reines Abwälzen stattfindet, muß der jeweilige Wälzpunkt (als Pol der Bewegung) auf der Verbindungslinie 12 liegen. Ist dies nicht der Fall, z. B. auf Grund praktischer Erfordernisse, so tritt neben dem Abwälzen

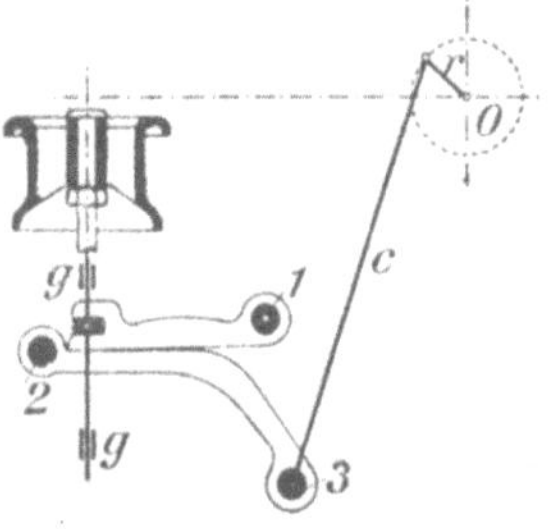

Bild 126.

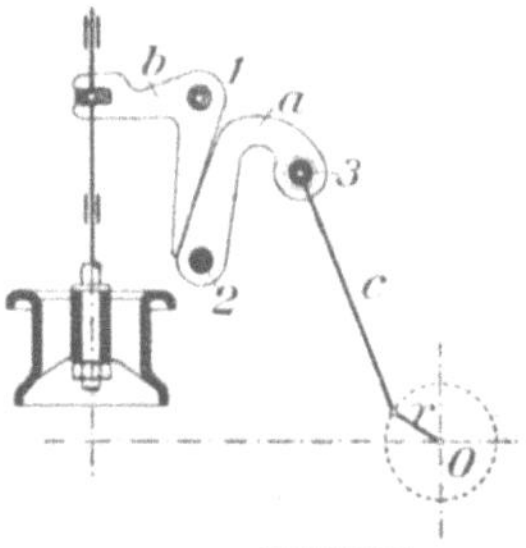

Bild 127.

Bild 126 u. 127. Wälzhebelgetriebe mit festen Drehpunkten.

---

[1]) Rechnerische Ermittlung eines Wälzhebelgetriebes mit zwei festen Drehpunkten aus einem Gelenkviereck, siehe K. H. Sieker, Die Technik, Bd. 3, 1948, S. 170—174.

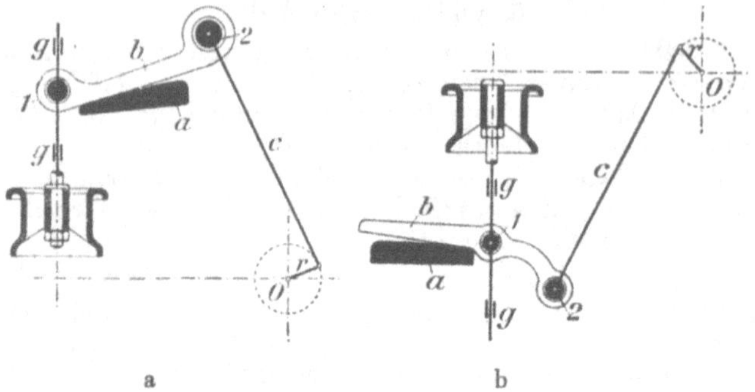

Bild 128 a u. b. Wälzhebelgetriebe mit fester Wälzbank.

noch ein Gleiten auf, dessen Größe durch den Abstand des jeweiligen Berührungspunktes von dem Pol (auf Verbindungslinie $\overline{12}$) bestimmt wird.

Bei reinem Abwälzen sind die Berührungsflächen der Wälzpunkte als Polbahnen auszubilden. Sind die festen Drehpunkte 1 und 2 und die eine Wälzbahn *a* gegeben (Bild 129), so läßt sich die andere Wälzbahn *b* auf Grund der im Abschnitt 2.2 (Seite 33) gegebenen Regeln ermitteln. Wir betrachten die Wälzbahn *a* als Rastpolbahn, auf der sich die zu ermittelnde Gangpolbahn *b* abwälzen soll. Wir schlagen hierzu einen Kreis um 2 mit $\overline{12}$; ziehen beliebige Strahlen 22′, 23′ usw. Diese schneiden auf der gegebenen Bahn *a* die Pole P_2, P_3 usw., auf der Verbindungslinie $\overline{12}$ liegt der augenblickliche Pol *P*, der sowohl ein Punkt der Bahn *a* als der Bahn *b* ist. Für diesen Punkt als Ausgangspunkt ermitteln wir die Bahn *b*, indem wir z. B. um *P* einen Kreisbogen mit $\overline{PP_4}$ und um 1 einen Kreisbogen $\overline{4'P_4}$ schlagen, der Schnittpunkt ist ein Punkt der Bahn *b*. Die Konstruktion ist nur näherungsweise, da wir den Bogen PP_4 durch die Sehne ersetzen, was jedoch für flache Wälzbahnen zulässig erscheint.

Gleiche Wälzbahnen entstehen, wenn man als Bahnkurven Ellipsen oder logarithmische Spiralen wählt. Die Ellipsen sind die Polbahnen des Antiparallelkurbelgetriebes (Bild 99 b, Seite 120). Unter Benutzung dieses Getriebes als Ersatzgetriebe lassen sich die Abmessungen leicht bestimmen. Der gegebene Abstand der festen Drehpunkte $14 = 2A$ ist gleich der großen Achse der Ellipse, $2B$ ist frei wählbar, um jedoch eine kleine Anfangsübersetzung zu

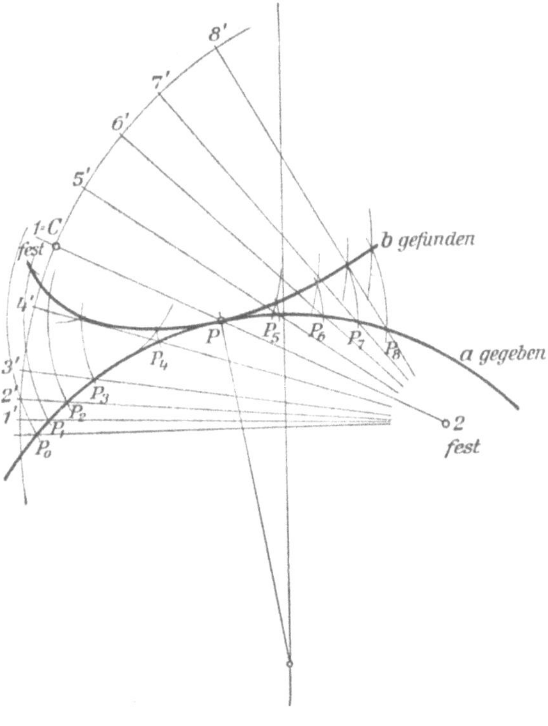

Bild 129. Annäherungsweise Konstruktion einer beweglichen Wälzbahn, wenn das Profil des anderen Wälzhebels gegeben ist.

erhalten, wählt man $2B$ verhältnismäßig klein. Die Punkte 1 bis 4 bilden die Brennpunkte der Ellipsen, Brennpunktsabstand $12 = 34 = a = \sqrt{A^2 - B^2}$. Für die Verwendung als Wälzhebel werden die Ellipsen nur teilweise ausgebildet.

Aus praktischen Gründen wählt man eine Wälzbahn häufig als *Gerade* (Bild 130), man erhält hier eine niedrige Anfangsübersetzung. Man ermittelt die zugehörige Abwälzkurve nach dem oben angegebenen Verfahren punktweise; für den Anfangspunkt wählt man ein beliebiges Kurvenstück und nimmt hier eine kleine Gleitung in Kauf.

Feste Wälzbahnen. Um ein gleitfreies Abwälzen zu erzielen, muß der Pol der Bewegung auf der Wälzbahn liegen. Bei der Anwendung an Dampfmaschinensteuerungen wird ein Punkt des bewegten Wälzhebels gerade geführt (Ventilachse). Für gleitungsfreies Abrollen besteht

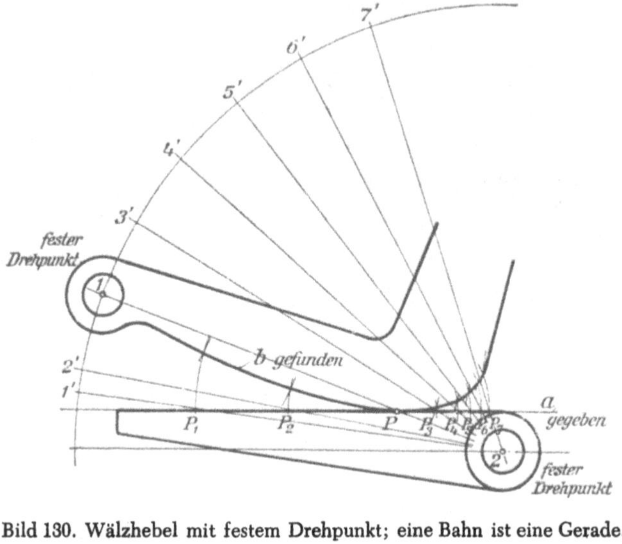

Bild 130. Wälzhebel mit festem Drehpunkt; eine Bahn ist eine Gerade.

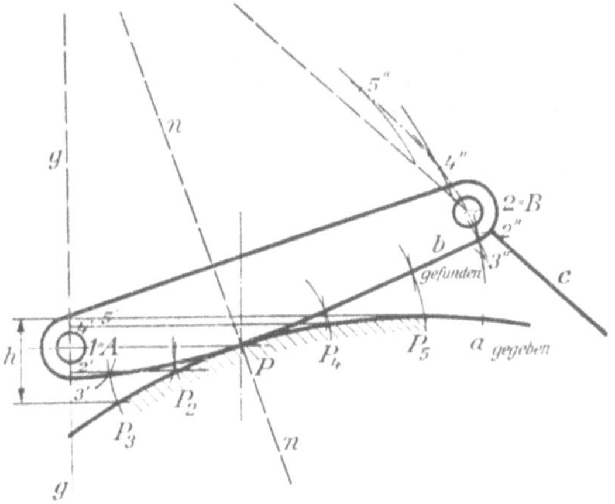

Bild 131. Wälzhebelgetriebe; feste Wälzbank ist gegeben.

deshalb die Bedingung, daß AP senkrecht zur Ventilachse gg liegt. Auf Grund dieser Bedingung läßt sich eine näherungsweise Konstruktion (für flache Kurven) angeben (Bild 131). Kurve a ist wieder die gegebene Rastpolbahn, die hier tatsächlich feststeht. Wir ziehen innerhalb des Hubbereiches h verschiedene beliebige Parallen zu $\overline{AP}$ und erhalten P_2, P_3, P_4 usw. als Schnittpunkte mit der Rastpolbahn a. Wir finden die entsprechenden Punkte auf der Gangpolbahn b, indem wir z. B. um P einen Kreisbogen $\overline{PP_2}$ schlagen und um $2'$ einen Kreisbogen $\overline{2'P_2}$, diese schneiden sich in dem P_2 entsprechenden Punkte der Gangpolbahn b. Durch punktweise Konstruktion finden wir so die Kurve b. Ein beliebiger Punkt des bewegten Wälzhebels, z. B. B, beschreibt eine Bahn, die etwa einer Koppelkurve entspricht. Damit die Führungsbahn gg keine Seitendrücke bekommt, sollen sich die Normale nn im Pol P und die Verlängerung der in B angreifenden Koppel b in einem Punkte auf der Geraden gg schneiden.

Ein Sonderfall tritt ein, wenn eine der *Wälzbahnen eine Gerade* wird, dann ist die Begrenzung der anderen eine logarithmische Spirale. Wählt man als Wälzbank den Ausschnitt eines Kreises, dessen Mittelpunkt auf der Geraden gg liegt, so geht die bewegte Wälzbahn ebenfalls in einen Kreis über, und zwar vom halben Durchmesser (Kardankreispaar).

Stichwortverzeichnis

Sammlung Göschen

Gesamtverzeichnis

Jeder Band DM 3,60 · Doppelband DM 5,80
Dreifachband DM 7,80

Herbst 1967

Walter de Gruyter & Co · Berlin 30

Die Bände der **Sammlung Göschen** vermitteln in konzentrierter Form den grundlegenden Stoff für das Studium der einzelnen wissenschaftlichen Disziplinen. Sie sind nicht nur Hilfsmittel für die Arbeit an Universitäten und Hochschulen, sondern auch vorzüglich geeignet für Fachschulen, Arbeitskreise und zum Selbststudium. Die Fülle des Materials hat sich besonders für die Vorbereitung zu Examina und Prüfungen bewährt. Auch eine schnelle Orientierung geht hier niemals auf Kosten der Gründlichkeit.

Inhaltsübersicht

Geisteswissenschaften

Philosophie

Einführung in die Philosophie von H. Leisegang†. 6. Aufl. 146 S. 1966. (281)

Hauptprobleme der Philosophie von G. Simmel†. 8., unveränd. Aufl. 177 S. 1964. (500)

Geschichte der Philosophie

I: Die griechische Philosophie von W. Capelle. 1. Tl. Von Thales bis Leukippos. 3., erw. Aufl. Etwa 135 S. In Vorb. (857)

II: Die griechische Philosophie von W. Capelle. 2. Tl. Von der Sophistik bis zum Tode Platons. 3., stark erw. Aufl. Etwa 144 S. In Vorb. (858)

III: Die griechische Philosophie von W. Capelle. 3. Tl. Vom Tode Platons bis zur Alten Stoa. 2., stark erw. Aufl. 132 S. 1954. (859)

IV: Die griechische Philosophie von W. Capelle. 4. Tl. Von der Alten Stoa bis zum Eklektizismus im 1. Jh. v. Chr. 2., stark erw. Aufl. 132 S. 1954. (863)

V: Die Philosophie des Mittelalters von J. Koch. In Vorb. (826)

VI: Von der Renaissance bis Kant von K. Schilling. 234 S. 1954. (394/394a)

VII: Immanuel Kant von F. Kaulbach. In Vorb. (536)

VIII: Die Philosophie des 19. Jahrhunderts von G. Lehmann. 1. Tl. 151 S. 1953. (571)

IX: Die Philosophie des 19. Jahrhunderts von G. Lehmann. 2. Tl. 168 S. 1953. (709)

X: Die Philosophie im ersten Drittel des 20. Jahrhunderts 1. Tl. von G. Lehmann. 128 S. 1957 (845)

XI: Die Philosophie im ersten Drittel des 20. Jahrhunderts 2. Tl. von G. Lehmann. 114 S. 1960. (850)

Die geistige Situation der Zeit (1931) von K. Jaspers. 6. Abdr. der im Sommer 1932 bearb. 5. Aufl. 211 S. 1965. (1000)

Formale Logik von P. Lorenzen. 3., durchges. u. erw. Aufl. 184 S. 1967. (1176/1176a)

Philosophisches Wörterbuch von M. Apel†. 5., völl. neu bearb. Aufl. von P. Ludz. 315 S. 1958. (1031/1031a)

Philosophische Anthropologie. Menschliche Selbstdeutung in Geschichte und Gegenwart von M. Landmann. 2., durchges. Aufl. 223 S. 1964. (156/156a)

GEISTESWISSENSCHAFTEN

Pädagogik, Psychologie, Soziologie

Geschichte der Pädagogik von Herm. Weimer. 17., neubearb. Aufl. von Heinz Weimer 205 S. 1967. (145/145a)

Therapeutische Psychologie. Ihr Weg durch die Psychoanalyse von W. M. Kranefeldt M. e. Einf. von C. G. Jung. 3. Aufl. 152 S. 1956. (1034)

Allgemeine Psychologie von Th Erismann†. 4 Bde.
- I: Grundprobleme. 3. Aufl. 146 S. 1965. (831)
- II: Grundarten des psychischen Geschehens. 2., neubearb. Aufl. 248 S. 1959. (832/832a)
- III: Experimentelle Psychologie und ihre Grundlagen. 1. Tl. 2., neubearb. Aufl. 112 S., 7 Abb. 1962. (833)
- IV: Experimentelle Psychologie und ihre Grundlagen. 2. Tl. 2., neubearb. Aufl. 199 S. 20 Abb. 1962. (834/834a)

Soziologie. Geschichte und Hauptprobleme von L. von Wiese. 8. Aufl. 183 S. 1967. (101/101a)

Ideengeschichte der sozialen Bewegung des 19. und 20. Jh. von W. Hofmann. 2. Aufl. In Vorb (1205/1205a)

Sozialpsychologie von P.R. Hofstätter. 3. Aufl. 191 S., 18 Abb. 1967. (104/104a)

Psychologie des Berufs- und Wirtschaftslebens von W. Moede†. 190 S. 48 Abb. 1958. (851/851a)

Industrie- und Betriebssoziologie von R. Dahrendorf. 4. Aufl. 142 S., 3 Fig. 1967 (103)

Wirtschaftssoziologie von F. Fürstenberg. 122 S. 1961. (1193)

Einführung in die Sozialethik von H.-D. Wendland. 144 S. 1963. (1203)

Religion

Jesus von M. Dibelius†. 4. Aufl. m. e. Nachtr. von W. G. Kümmel. 140 S. 1966. (1130)

Paulus von M. Dibelius†. Nach dem Tode des Verf. hrsg. u. zu Ende gef. von W. G. Kümmel. 3., durchges. Aufl. 156 S. 1964. (1160)

Luther von F. Lau. 2., verb. Aufl. 153 S. 1966. (1187)

Melanchthon von R. Stupperich. 139 S. 1960. (1190)

Zwingli von F. Schmidt-Clausing. 119 S. 1965. (1219)

Schleiermacher. Leben und Werk von M. Redeker. In Vorb. (1177/1177a)

Sören Kierkegaard. Leben u. Werk von H. Gerdes. 134 S. 1966. (1221)

Einführung in die Konfessionskunde der orthodoxen Kirchen von K. Onasch. 291 S. 1962. (1197/1197a)

Geschichte des christlichen Gottesdienstes von W. Nagel. 215 S. 1962. (1202/1202a)

Geschichte Israels. Von den Anfängen bis zur Zerstörung des Tempels (70 n. Chr.) von E. L. Ehrlich. 2. Aufl. In Vorb. (231/231 a)

Römische Religionsgeschichte von F. Altheim. 2 Bde. 2., umgearb. Aufl.
I: Grundlagen und Grundbegriffe. 116 S. 1956. (1035)
II: Der geschichtliche Ablauf. 164 S. 1956. (1052)

Die Religion des Buddhismus von D. Schlingloff. 2 Bde.
I: Der Heilsweg des Mönchstums. 122 S., 11 Abb., 1 Kte. 1962. (174)
II: Der Heilsweg für die Welt. 129 S., 9 Abb., 1 Kte. 1963. (770)

Musik

Musikästhetik von H. J. Moser. 180 S. M. zahlr. Notenbeisp. 1953. (344)

Systematische Modulation von R. Hernried. 2. Aufl. 136 S. M. zahlr. Notenbeisp. 1950. (1094)

Der polyphone Satz von E. Pepping. 2 Bde.
I: Der cantus-firmus-Satz. 2. Aufl. 233 S. Mit zahlr. Notenbeisp. 1950. (1148)
II: Übungen im doppelten Kontrapunkt und im Kanon. 137 S. M. zahlr. Notenbeisp. 1957. (1164/1164 a)

Allgemeine Musiklehre von H. J. Moser. 2., durchges. Aufl. 155 S. M. zahlr. Notenbeisp. 1955. (220/220 a)

Harmonielehre von H. J. Moser. 2 Bde.
I: 109 S. M. 120 Notenbeisp. 1954. (809)
II: In Vorb. (810)

Die Musik des 19. Jahrhunderts von W. Oehlmann. 180 S. 1953. (170)

Die Musik des 20. Jahrhunderts von W. Oehlmann. 312 S. 1961. (171/171 a)

Technik der deutschen Gesangskunst von H. J. Moser. 3., durchges. u. verb. Aufl. 144 S., 5 Fig., sowie Tab. u. Notenbeisp. 1954. (576/576 a)

Die Kunst des Dirigierens von H. W. von Waltershausen†. 2., verm. Aufl. 138 S. M. 19 Notenbeisp. 1954. (1147)

Die Technik des Klavierspiels aus dem Geiste des musikalischen Kunstwerkes von K. Schubert†. 3. Aufl. 110 S. M. Notenbeisp. 1954. (1045)

Kunst

Stilkunde von H. Weigert. 2 Bde.
I: Vorzeit, Antike, Mittelalter. 4. Aufl. Etwa 136 S., 94 Abb. In Vorb. (80)
II: Spätmittelalter und Neuzeit. 3., durchges. u. erg. Aufl. 150 S., 88 Abb. 1958. (781)

Archäologie von A. Rumpf. 3 Bde.
I: Einleitung, historischer Überblick. 143 S., 6 Abb., 12 Taf. 1953. (538)
II: Die Archäologensprache. Die antiken Reproduktionen. 136 S., 7 Abb., 12 Taf. 1956. (539)
III: In Vorb. (540)

Geschichte

Einführung in die Geschichtswissenschaft von P. Kirn. 5., bearb. u. erg. Aufl. von J. Leuschner. 127 S. 1968. (270/270a)

Einführung in die Zeitgeschichte von B. Scheurig. 101 S. 1962. (1204)

Zeitrechnung der römischen Kaiserzeit, des Mittelalters und der Neuzeit für die Jahre 1—2000 n. Chr. von H. Lietzmann†. 3. Aufl., durchges. von K. Aland. 130 S. 1956. (1085)

Kultur der Urzeit von F. Behn. 3 Bde. 4. Aufl. der Kultur der Urzeit Bd. 1—3 von M. Hoernes.
- I: Die vormetallischen Kulturen. (Die Steinzeiten Europas. Gleichartige Kulturen in anderen Erdteilen.) 172 S., 48 Abb. 1950. (564)
- II: Die älteren Metallkulturen. (Der Beginn der Metallbenutzung, Kupfer- und Bronzezeit in Europa, im Orient und in Amerika.) 160 S., 67 Abb. 1950. (565)
- III: Die jüngeren Metallkulturen. (Das Eisen als Kulturmetall, Hallstatt-Latène-Kultur in Europa. Das erste Auftreten des Eisens in den anderen Weltteilen.) 149 S. 60 Abb. 1950. (566)

Vorgeschichte Europas von F. Behn. Neuaufl. In Vorb. (42)

Der Eintritt der Germanen in die Geschichte von J. Haller†. 3. Aufl., durchges. von H. Dannenbauer. 120 S. 6 Kartensk. 1957. (1117)

Von den Karolingern zu den Staufern. Die altdeutsche Kaiserzeit (900—1250) von I Haller†. 5., durchges. Aufl. von H. Dannenbauer. 142 S., 4 Ktn. 1968. In Vorb. (1065)

Von den Staufern zu den Habsburgern. Auflösung des Reichs und Emporkommen der Landesstaaten (1250—1519) von J. Haller†. 2., durchges. Aufl. von H. Dannenbauer. 118 S., 6 Kartensk. 1960. (1077)

Deutsche Geschichte im Zeitalter der Reformation, der Gegenreformation und des dreißigjährigen Krieges von F. Hartung. 2., durchges. Aufl. 128 S. 1963. (1105)

Deutsche Geschichte von 1648—1740. Politischer und geistiger Wiederaufbau von W. Treue. 120 S. 1956 (35)

Deutsche Geschichte von 1713—1806. Von der Schaffung des europäischen Gleichgewichts bis zu Napoleons Herrschaft von W. Treue. 168 S. 1957. (39)

Deutsche Geschichte von 1806—1890. Vom Ende des alten bis zur Höhe des neuen Reiches von W. Treue. 128 S. 1961. (893)

Deutsche Geschichte von 1890 bis zur Gegenwart von W. Treue. In Vorb. (894)

Quellenkunde der Deutschen Geschichte im Mittelalter (bis zur Mitte des 15. Jahrhunderts) von K. Jacob† 3 Bde.
- I: Einleitung Allgemeiner Teil. Die Zeit der Karolinger. 6. Aufl., bearb. von H. Hohenleutner. 127 S. 1959. (279)
- II: Die Kaiserzeit (911—1250). 5. Aufl., neubearb. von H. Hohenleutner. 141 S. 1961. (280)

III: Das Spätmittelalter (vom Interregnum bis 1500). Hrsg. von F. Weden. 152 S. 1952. (284)

Geschichte Englands von H. Preller. 2 Bde.
I: bis 1815. 4., erw. Aufl. Etwa 135 S., 7 Stammtaf., 2 Ktn. 1967. (375/375a)
II: Von 1815 bis 1910. 2., völl. umgearb. Aufl. 118 S., 1 Stammtaf., 7 Ktn. 1954. (1088)

Römische Geschichte von F. Altheim. 4 Bde. 2., verb. Aufl.
I: Bis zur Schlacht bei Pydna (168 v. Chr.). 124 S. 1956. (19)
II: Bis zur Schlacht bei Actium (31 v. Chr.). 129 S. 1956. (677)
III: Bis zur Schlacht an der Milvischen Brücke (312 n. Chr.). 148 S. 1958. (679)
IV: Bis zur Schlacht am Yarmuk (636 n. Chr.). In Vorb. (684)

Geschichte der Vereinigten Staaten von Amerika von O. Graf zu Stolberg-Wernigerode. 192 S., 10 Ktn. 1956. (1051/1051a)

Deutsche Sprache und Literatur

Geschichte der deutschen Sprache von H. Sperber. 5., neubearb. Aufl. von P. von Polenz. 136 S. 1966. (915)

Deutsches Rechtschreibungswörterbuch von M. Gottschaldt†. 2., verb. Aufl. 269 S. 1953. (200/200a)

Deutsche Wortkunde. Kulturgeschichte des deutschen Wortschatzes von A. Schirmer. 5. Aufl. von W. Mitzka. 125 S. 1965. (929)

Deutsche Sprachlehre von W. Hofstaetter. 10. Aufl. Völl. Umarb. der 8. Aufl. 150 S. 1960. (20)

Stimmkunde für Beruf, Kunst und Heilzwecke von H. Biehle. 111 S. 1955. (60)

Redetechnik. Einführung in die Rhetorik von H. Biehle. 2., erw. Aufl. 151 S. 1961. (61)

Grundlagen der Sprecherziehung von J. Jesch. 93 S., 8 Abb. 1967. (1122)

Deutsches Dichten und Denken von der germanischen bis zur staufischen Zeit von H. Naumann†. (Deutsche Literaturgeschichte vom 5.—13. Jahrhundert.) 3., verb. Aufl. In Vorb. (1121)

Deutsches Dichten und Denken vom Mittelalter zur Neuzeit von G. Müller (1270 bis 1700). 3., durchges. Aufl. In Vorb. (1086)

Deutsches Dichten und Denken von der Aufklärung bis zum Realismus (Deutsche Literaturgeschichte von 1700—1890) von K. Viëtor†. 3., durchges. Aufl. 159 S. 1958. (1096)

Deutsche Heldensage von H. Schneider. 2. Aufl., bearb. von R. Wisniewski. 148 S. 1964. (32)

Der Nibelunge Nôt in Auswahl. Mit kurzem Wörterbuch hrsg. von K. Langosch. 11., durchges. Aufl. 166 S. 1966. (1)

Kudrun und Dietrich-Epen in Auswahl mit Wörterbuch von O. L. Jiriczek. 6. Aufl., bearb. von R. Wisniewski. 173 S. 1957. (10)

Wolfram von Eschenbach, Parzifal. Eine Auswahl mit Anmerkungen und Wörterbuch von H. Jantzen. 3. Aufl., bearb. von H. Kolb. 128 S. 1966. (921)

Hartmann von Aue. Der arme Heinrich nebst einer Auswahl aus der „Klage" dem „Gregorius" und den Liedern (mit einem Wörterverzeichnis) hrsg. von F. Maurer. 2. Aufl. 96 S. 1968. Im Druck. (18)

Gottfried von Straßburg. Tristan und Isolde in Auswahl hrsg. von F. Maurer. 2. Aufl. 142 S. 1965. (22)

Die deutschen Personennamen von M. Gottschaldt†. 2., verb. Aufl. 151 S. 1955. (422)

Althochdeutsches Elementarbuch. Grammatik und Texte von H. Naumann† u. W. Betz. 4., verb. u. verm. Aufl. 183 S. 1967. (1111/1111a)

Mittelhochdeutsche Grammatik von H. de Boor u. R. Wisniewski. 5., durchges. Aufl. 150 S. 1967. (1108)

Indogermanisch, Germanisch

Indogermanische Sprachwissenschaft von H. Krahe. 2 Bde.
I: Einleitung und Lautlehre. 5. Aufl. 110 S. 1966. (59)
II: Formenlehre. 4., neubearb. Aufl. 100 S. 1963. (64)

Sanskrit-Grammatik mit sprachvergleichenden Erläuterungen von M. Mayrhofer. 2., völl. neu bearb. Aufl. 110 S. 1965. (1158/1158a)

Altirische Grammatik von J. Pokorny. 2. Aufl. 1968. (896/896a)

Gotisches Elementarbuch. Grammatik. Texte mit Übersetzung und Erläuterungen von H. Hempel. 4., neubearb. Aufl. 169 S. 1966. (79/79a)

Altnordisches Elementarbuch. Einführung, Grammatik, Texte (zum Teil mit Übersetzung) und Wörterbuch von F. Ranke. 3., völl. umgearb. Aufl. von D. Hofmann. 205 S. 1967. (1115/1115a/1115b)

Germanische Sprachwissenschaft von H. Krahe. 3 Bde.
I: Einleitung und Lautlehre. 6. Aufl. 147 S. 1966. (238)
II: Formenlehre. 6. Aufl. 149 S. 1967. (780)
III: Wortbildungslehre von W. Meid. 270 S. 1967. (1218/1218a/1218b)

Englisch, Romanisch

Altenglisches Elementarbuch. Einführung, Grammatik, Texte mit Übersetzung und Wörterbuch von M. Lehnert. 6., verb. Aufl. 178 S. 1965. (1125)

Mittelenglisches Elementarbuch von H. Weinstock. 1967. In Vorb. (1226/1226a/1226b)

Historische neuenglische Laut- und Formenlehre von E. Ekwall. 4., verb. Aufl. 150 S. 1965. (735)

Englische Phonetik von H. Mutschmann†. 2. Aufl., bearb. von G. Scherer. 127 S. 1963. (601)

Englische Literaturgeschichte von F. Schubel. 4 Bde.
I: Die alt- und mittelenglische Periode. 2., neubearb. Aufl. 189 S. 1967. (1114/1114a)
II: Von der Renaissance bis zur Aufklärung. 160 S. 1956. (1116)
III: Romantik und Viktorianismus. 160 S. 1960. (1124)

Beowulf. Eine Auswahl mit Einführung, teilweiser Übersetzung, Anmerkungen und etymologischem Wörterbuch von M. Lehnert. 4., verb. Aufl. 135 S. 1967. (1135)

Shakespeare von P. Meißner†. 2. Aufl., neubearb. von M. Lehnert. 136 S. 1954. (1142)

Romanische Sprachwissenschaft von H. Lausberg. 4 Bde.
I: Einleitung und Vokalismus. 2., durchges. Aufl. 211 S. 1963. (128/128a)
II: Konsonantismus. 2., durchges. Aufl. 95 S. 1967. (250)
III: Formenlehre. 1. Teil. 99 S. 1962. (1199)
III: Formenlehre. 2. Teil. S. 99—260. 1962. (1200/1200a)
IV: Wortlehre. In Vorb. (1208)

Griechisch, Lateinisch

Griechische Sprachwissenschaft von W. Brandenstein. 3 Bde.
I: Einleitung, Lautsystem, Etymologie. 160 S. 1954. (117)
II: Wortbildung und Formenlehre. 192 S. 1959. (118/118a)
III: Syntax I. Einleitung. Die Flexibilien. 145 S. 1966. (924/924a)

Geschichte der griechischen Sprache. 2 Bde.
I: Bis zum Ausgang der klassischen Zeit von O. Hoffmann und A. Debrunner. 4., neubearb. Aufl. von A. Scherer. 1968. (111/111a)
II: Grundfragen und Grundzüge des nachklassischen Griechisch von A. Debrunner. 2. Aufl., bearb. von A. Scherer. 1968. (114/114a)

Geschichte der griechischen Literatur von W. Nestle. 2 Bde. 3. Aufl., bearb. von W. Liebich.
I: 144 S. 1961. (70)
II: 149 S. 1963. (557)

Grammatik der neugriechischen Volkssprache von J. Kalitsunakis. 3., wes. erw. u. verb. Aufl. 196 S. 1963. (756/756a)

Neugriechisch-deutsches Gesprächsbuch von J. Kalitsunakis. 2. Aufl., bearb. von A. Steinmetz. 99 S. 1960. (587)

Geschichte der lateinischen Sprache von F. Stolz u. A. Debrunner†. 4., stark umgearb. Aufl. von W. P. Schmid. 145 S. 1966. (492/492a)

Geschichte der römischen Literatur von L. Bieler. 2., verb. Aufl. 2 Bde.
I: Die Literatur der Republik. 160 S. 1965. (52)
II: Die Literatur der Kaiserzeit. 133 S. 1965. (866)

Orientalistik, Slavistik

Die Keilschrift von B. Meissner. 3. Aufl., neubearb. von K. Oberhuber. Etwa 150 S. 1967. (708/708a/708b)

Die Hieroglyphen von A. Erman. 3. Aufl., neu bearb. von O. Krückmann. 1968. In Vorb. (608/608a/608b)

Hebräische Grammatik von R. Meyer. 3 Bde.
- I: Einleitung, Schrift- und Lautlehre. 3., neubearb. Aufl. 120 S. 1966. (763/763a/763b)
- II: Formenlehre und Flexionstabellen. 3. Aufl. In Vorb. (764/764a/764b)
- III: Satzlehre. In Vorb. (765/765a/765b)

Hebräisches Textbuch zu G. Beer-R. Meyer, Hebräische Grammatik von R. Meyer. 170 S. 1960. (769/769a)

Slavische Sprachwissenschaft von H. Bräuer. 2 Bde.
- I: Einleitung, Lautlehre. 221 S. 1961. (1191/1191a)
- II: Formenlehre. 1. Tl. 1968. (1192/1192a)

Vergleichende Geschichte der slavischen Literaturen von D. Tschižewskij. 2 Bde. In Vorb.
- I: Einführung. Anfänge des slavischen Schrifttums bis zum Klassizismus. (1222/1222a)
- II: Romantik bis zur Moderne. (1223/1223a)

Russische Grammatik von E. Berneker†. 6., verb. Aufl. von M. Vasmer†. 155 S. 1961. (66)

Polnische Grammatik von N. Damerau. 139 S. 1967. (942/942a)

Erd- und Länderkunde, Kartographie

Afrika von F. Jaeger. Ein geographischer Überblick. 2 Bde. 3. Aufl.
- I: Der Lebensraum. 179 S., 18 Abb. In Vorb. (910)
- II: Mensch und Kultur. 155 S., 6 Abb. In Vorb. (911)

Australien und Ozeanien von H. J. Krug. 176 S., 46 Sk. 1953. (319)

Kartographie von V. Heissler. 2. Aufl. 213 S., 125 Abb., 8 Anl. 1966. (30/30a)

Wirtschaft, Statistik, Publizistik

Allgemeine Betriebswirtschaftslehre von K. Mellerowicz. 4 Bde. 11. u. 12. durchges. Aufl.
- I: 224 S. 1964. (1008/1008a)
- II: 188 S. 1966. (1153/1153a)
- III: 260 S. 1967. (1154/1154a)
- IV: 209 S. 1963. (1186/1186a)

Allgemeine Volkswirtschaftslehre von A. Paulsen. 4 Bde.
- I: Grundlegung, Wirtschaftskreislauf. 7. Aufl. 159 S., 11 Abb. 1966. (1169)
- II: Haushalte, Unternehmungen, Marktformen. 7. Aufl. 172 S., 31 Abb. 1966. (1170)

III: Produktionsfaktoren. 5., neubearb. u. erg. Aufl. 228 S., 24 Abb. 1967. (1171/1171 a)
IV: Gesamtbeschäftigung, Konjunkturen, Wachstum. 4., neubearb. u. erg. Aufl. 188 S. 1966. (1172)

Übungsaufgaben mit Lösungen zu A. Paulsen, Allgemeine Volkswirtschaftslehre I/II von W. Wedig. 177 S. 1967. (1227/1227 a)

Geschichte der Volkswirtschaftslehre von S. Wendt. 2., neubearb. Aufl. Etwa 182 S. 1968. (1194/1194 a)

Allgemeine Volkswirtschaftspolitik von H. Ohm. 2 Bde.
I: Systematisch-Theoretische Grundlegung. 2., verb. u. erg. Aufl. 137 S., 6 Abb. 1965. (1195)
II: Der volkswirtschaftliche Gesamtorganismus als Objekt der Wirtschaftspolitik. 180 S. 1967. (1196/1196 a)

Finanzwissenschaft von H. Kolms. 4 Bde.
I: Grundlegung, Öffentliche Ausgaben. 3., verb. Aufl. 165 S. 1966. (148)
II: Erwerbseinkünfte, Gebühren und Beiträge, Allgemeine Steuerlehre. 3., verb. Aufl. 154 S. 1966. (391)
III: Besondere Steuerlehre. 2., verb. u. erg. Aufl. 205 S. 1967. (776/776 a)
IV: Öffentlicher Kredit. Öffentlicher Haushalt. Finanzausgleich. 191 S. 1964. (782/782 a)

Finanzmathematik von M. Nicolas. 2., verb. Aufl. 192 S., 11 Taf., 8 Tab. u. 72 Beisp. 1967. (1183/1183 a)

Programmierung von Datenverarbeitungsanlagen von H. J. Schneider u. D. Jurksch. 111 S., 8 Tab., 11 Abb. 1967. (1225/1225 a)

Lineare Programmierung von H. Langen. Etwa 200 S. (1206/1206 a)

Buchhaltung und Bilanz von E. Kosiol. 2., überarb. u. veränd. Aufl. 186 S. 1967. (1213/1213 a)

Industrie- und Betriebssoziologie von R. Dahrendorf. 4. Aufl. 142 S., 3 Fig. 1967. (103)

Wirtschaftssoziologie von F. Fürstenberg. 122 S. 1961. (1193)

Psychologie des Berufs- und Wirtschaftslebens von W. Moede†. 190 S. 48 Abb. 1958. (851/851 a)

Einführung in die Arbeitswissenschaft von H. H. Hilf. 169 S., 57 Abb. 1964. (1212/1212 a)

Allgemeine Methodenlehre der Statistik von J. Pfanzagl. 2 Bde.
I: Elementare Methoden unter besonderer Berücksichtigung der Anwendungen in den Wirtschafts- und Sozialwissenschaften. 4., verb. Aufl. 266 S., 51 Abb. 1967. (746/746 a)
II: Höhere Methoden unter besonderer Berücksichtigung der Anwendungen in Naturwissenschaften, Medizin und Technik. 3., verb. Aufl. 315 S., 41 Abb. 1968. (747/747 a)

Zeitungslehre von E. Dovifat. 2 Bde. 5., neubearb. Aufl.
I: Theoretische und rechtliche Grundlagen — Nachricht und Meinung — Sprache und Form. 162 S. 1967 (1039/1039 a)
II: Redaktion — Die Sparten: Verlag und Vertrieb, Wirtschaft und Technik — Sicherung der öffentlichen Aufgabe. 179 S. 1967. (1040/1040 a)

Naturwissenschaften

Mathematik

Geschichte der Mathematik von J. E. Hofmann. 4 Bde.
I: Von den Anfängen bis zum Auftreten von Fermat und Descartes. 2., verb. u. verm. Aufl. 251 S. 1963. (226/226a)
II: Von Fermat und Descartes bis zur Erfindung des Calculus und bis zum Ausbau der neuen Methoden. 109 S. 1957. (875)
III: Von den Auseinandersetzungen um den Calculus bis zur französischen Revolution. 107 S. 1957. (882)
IV: Geschichte der Mathematik der neuesten Zeit von N. Stuloff. In Vorb. (883)

Mathematische Formelsammlung von F. O. Ringleb. 8., verb. Aufl. 322 S., 40 Fig. 1967. (51/51a)

Vierstellige Tafeln und Gegentafeln für logarithmisches und trigonometrisches Rechnen in zwei Farben zusammengestellt von H. Schubert und R. Haussner. 3. neubearb. Aufl. von J. Erlebach. 158 S. 1960. (81)

Fünfstellige Logarithmen mit mehreren graphischen Rechentafeln und häufig vorkommenden Zahlenwerten von A. Adler. 4. Aufl., überarb. von J. Erlebach. 127 S., 1 Taf. 1962. (423)

Arithmetik von P. B. Fischer†. 3. Aufl. von H. Rohrbach. 152 S., 19 Abb. 1958. (47)

Höhere Algebra von H. Hasse. 2 Bde. 5., neubearb. Aufl.
I: Lineare Gleichungen. 150 S. 1963. (931)
II: Gleichungen höheren Grades. 158 S., 5 Fig. 1967. (932)

Aufgabensammlung zur höheren Algebra von H. Hasse u. W. Klobe. 3., verb. Aufl. 183 S. 1961. (1082)

Elementare und klassische Algebra vom modernen Standpunkt von W. Krull. 2 Bde.
I: 3., erw. Aufl. 148 S. 1963. (930)
II: 132 S. 1959. (933)

Algebraische Kurven und Flächen von W. Burau. 2 Bde.
I: Algebraische Kurven der Ebene. 153 S., 28 Abb. 1962. (435)
II: Algebraische Flächen 3. Grades und Raumkurven 3. und 4. Grades. 162 S., 17 Abb. 1962. (436/436a)

Einführung in die Zahlentheorie von A. Scholz†. Überarb. u. hrsg. von B. Schoeneberg. 4. Aufl. 128 S. 1966. (1131)

Formale Logik von P. Lorenzen. 3., durchges. u. erw. Aufl. 184 S. 1967. (1176/1176a)

Topologie von W. Franz. 2 Bde.
I: Allgemeine Topologie. 2., verb. Aufl. 144 S., 9 Fig. 1965. (1181)
II: Algebraische Topologie. 153 S. 1965. (1182/1182a)

Elemente der Funktionentheorie von K. Knopp†. 7. Aufl. 144 S., 23 Fig. 1966. (1109)

Funktionentheorie von K. Knopp†. 2 Bde. 11. Aufl.
I: Grundlagen der allgemeinen Theorie der analytischen Funktionen. 144 S., 8 Fig. 1965. (668)
II: Anwendungen und Weiterführung der allgemeinen Theorie. 130 S., 7 Fig. 1965. (703)

Aufgabensammlung zur Funktionentheorie von K. Knopp†. 2 Bde.
I: Aufgaben zur elementaren Funktionentheorie. 7. Aufl. 135 S. 1965. (877)
II: Aufgaben zur höheren Funktionentheorie. 6. Aufl. 151 S. 1964. (878)

Differential- und Integralrechnung von M. Barner. (Früher Witting). 4 Bde.
I: Grenzwertbegriff, Differentialrechnung. 2., durchges. Aufl. 176 S., 39 Fig. 1963. (86)

Gewöhnliche Differentialgleichungen von G. Hoheisel. 7., neubearb. u. erw. Aufl. 142 S. 1965. (920/920a)

Partielle Differentialgleichungen von G. Hoheisel. 5., durchges. Aufl. Etwa 128 S. In Vorb. (1003)

Aufgabensammlung zu den gewöhnlichen und partiellen Differentialgleichungen von G. Hoheisel. 4., neubearb. Aufl. 153 S. 1964. (1059/1059a)

Integralgleichungen von G. Hoheisel. 2., neubearb. u. erw. Aufl. 112 S. 1963. (1099)

Mengenlehre von E. Kamke. 5. Aufl. 194 S., 6 Fig. 1965. (999/999a)

Gruppentheorie von L. Baumgartner. 4., erw. Aufl. 190 S., 3 Taf. 1964. (837/837a)

Ebene und sphärische Trigonometrie von G. Hessenberg†. 5. Aufl. durchges. von H. Kneser. 172 S., 60 Fig. 1957. (99)

Darstellende Geometrie von W. Haack. 3 Bde.
I: Die wichtigsten Darstellungsmethoden. Grund- und Aufriß ebenflächiger Körper 6. Aufl. 113 S., 120 Abb. 1967. (142)
II: Körper mit krummen Begrenzungsflächen. Kotierte Projektionen. 5., durchges. Aufl. 129 S., 86 Abb. 1967. (143)
III: Axonometrie und Perspektive. 3. Aufl. 129 S., 100 Abb. 1965. (144)

Analytische Geometrie von K. P. Grotemeyer. 3., neubearb. Aufl. 218 S., 73 Abb. 1964. (65/65a)

Nichteuklidische Geometrie. Hyperbolische Geometrie der Ebene von R. Baldus†. 4. Aufl., bearb. u. erg. von F. Löbell. 158 S., 75 Fig. 1964. (970/970 a)

Differentialgeometrie von K. Strubecker. 3 Bde.
I: Kurventheorie der Ebene und des Raumes. 2., erw. Aufl. 253 S., 45 Fig. 1964. (1113/1113 a)
II: Theorie der Flächenmetrik. 195 S., 14 Fig. 1958. (1179/1179 a)
III: Theorie der Flächenkrümmung. 254 S., 38 Fig. 1959. (1180/1180 a)

Variationsrechnung von L. Koschmieder. 2 Bde. 2., neubearb. Aufl.
I: Das freie und gebundene Extrem einfacher Grundintegrale. 128 S., 23 Fig. 1962. (1074)
II: Anwendung klassischer Verfahren auf allgemeine Fragen des Extrems. — Neuere unmittelbare Verfahren. In Vorb. (1075)

Einführung in die konforme Abbildung von L. Bieberbach. 6., neubearb. Aufl. 184 S., 41 Zeichng. 1967. (768/768 a)

Vektoren und Matrizen von S. Valentiner. 4. Aufl. (11., erw. Aufl der „Vektoranalysis"). Mit Anh.: Aufgaben zur Vektorrechnung von H. König. 206 S., 35 Fig. 1967. (354/354 a)

Wahrscheinlichkeitstheorie und Grundzüge der Maßtheorie von H. Bauer. 2 Bde.
I: 154 S. 1964. (1216/1216 a)
II: In Vorb. (1217)

Kinematik von H. R. Müller. 171 S., 75 Fig. 1963. (584/584 a)

Versicherungsmathematik von F. Böhm. 2 Bde.
I: Elemente der Versicherungsrechnung. 4. Aufl. In Vorb. (180)
II: Lebensversicherungsmathematik. Einführung in die technischen Grundlagen der Sozialversicherung. 2., verb. u. verm. Aufl. 205 S. 1953. (917/917 a)

Finanzmathematik von M. Nicolas, 2., verb. Aufl. 192 S., 11 Taf., 8 Tab. u. 72 Beisp. 1967. (1183/1183 a)

Lineare Programmierung von H. Langen. Etwa 200 S. (1206/1206 a)

Progammierung von Datenverarbeitungsanlagen von H. J. Schneider u. D. Jurksch. 111 S., 8 Tab., 11 Abb. 1967. (1225/1225a)

Physik

Einführung in die theoretische Physik von W. Döring. 5 Bde.
I: Mechanik. 3., verb. Aufl. 125 S., 23 Abb. 1965. (76)
II: Das elektromagnetische Feld. 3., umgearb. Aufl. Etwa 135 S., 15 Abb. 1968. (77/77 a)
III: Optik. 2., verb. Aufl. 117 S., 32 Abb. 1963. (78)
IV: Thermodynamik. 2., verb. Aufl. 107 S., 9 Abb. 1964. (374)
V: Statistische Mechanik. 2., umgearb. Aufl. 117 S., 10 Abb. 1966. (1017)

Mechanik deformierbarer Körper von M. Päsler. 199 S., 48 Abb. 1960. (1189/1189 a)

Atomphysik von K. Bechert, Ch. Gerthsen† u. A. Flammersfeld. 4 Bde. 4., durchges. Aufl.
I: Allgemeine Grundlagen. 1. Teil von A. Flammersfeld. Neuaufl. in Vorb. (1009)

II: Allgemeine Grundlagen. 2. Teil von A. Flammersfeld. Neuaufl. in Vorb. (1033)
III: Theorie des Atombaus. 1. Teil von K. Bechert. 148 S., 16 Abb. 1963. (1123/1123a)
IV: Theorie des Atombaus. 2. Teil von K. Bechert. 170 S., 14 Abb. 1963. (1165/1165a)

Differentialgleichungen der Physik von F. Sauter. 4., durchges. u. erg. Aufl. 147 S., 16 Fig. 1966. (1070)

Physikalische Formelsammlung von G. Mahler†. Fortgef. von K. Mahler. Neubearb. von E. Sohr. 12. Aufl. 167 S., 69 Fig. 1967. (136/136a)

Physikalische Aufgabensammlung mit Ergebnissen von G. Mahler†. Fortgef. von K. Mahler. Neubearb. von H. Graewe. 12. Aufl. 141 S. 1964. (243)

Chemie

Geschichte der Chemie in kurzgefaßter Darstellung von G. Lockemann. 2 Bde. 2. Aufl.
I: Vom Altertum bis zur Entdeckung des Sauerstoffs. 142 S., 4 Bildn. In Vorb. (264)
II: Von der Entdeckung des Sauerstoffs bis zur Gegenwart. 151 S., 16 Bildn. In Vorb. (265/265a)

Anorganische Chemie von W. Klemm. 14. Aufl. 255 S., 34 Abb. 1967. (37/37a)

Organische Chemie von W. Schlenk jun. 10., erw. Aufl. 273 S., 16 Abb. 1965. (38/38a)

Physikalische Methoden in der Organischen Chemie von G. Kresze. 2 Bde.
I: 119 S., 65 Abb. 1962. (44)
II: 164 S. 1962. (45/45a)

Allgemeine und physikalische Chemie von W. Schulze. 2 Bde.
I: 6., verb. Aufl. 139 S., 10 Fig. 1964. (71)
II: 6., erw. Aufl. Etwa 178 S. 49 Fig. 1968. (698/698a)

Molekülbau. Theoretische Grundlagen und Methoden der Strukturermittlung von W. Schulze. 123 S., 43 Fig. 1958. (786)

Einfache Versuche zur allgemeinen und physikalischen Chemie von E. Dehn. 371 Versuche m. 40 Abb. 272 S. 1962. (1201/1201a)

Physikalisch-chemische Rechenaufgaben von E. Asmus. 4., verb. Aufl. 96 S. 1967. (445)

Maßanalyse. Theorie und Praxis der klassischen und der elektrochemischen Titrierverfahren von G. Jander und K. F. Jahr. 11., durchges. Aufl., mitbearb. von H. Knoll. 359 S., 56 Fig. 1966. (221/221a)

Qualitative Analyse von H. Hofmann u. G. Jander. 3., durchges. u. verb. Aufl. 308 S., 5 Abb. 1967. (247/247a)

Stöchiometrische Aufgabensammlung von W. Bahrdt† u. R. Scheer. Mit den Ergebnissen. 9., durchges. Aufl. 119 S. 1967. (452/452a)

Elektrochemie von K. Vetter. 2 Bde.
I: In Vorb. (252)
II: In Vorb. (253)

Geochemie von K. H. Wedepohl. 221 S., 26 Abb., 37 Tab. 1967. (1224/1224a/1224b)

Kristallchemie von J. Zemann. 144 S., 90 Abb. 1966. (1220/1220a)

Technologie

Die Chemie der Kunststoffe von K. Hamann. 2., neu überarb. Aufl. unt. Mitarb. von W. Funke u. K. Nollen. 177 S. 1967. (1173/1173a)

Warenkunde von K. Hassak u. E. Beutel†. 2 Bde.
I: Anorganische Waren sowie Kohle und Erdöl. 8. Aufl. Neubearb. von A. Kutzelnigg. 119 S., 18 Fig. 1958. (222)
II: Organische Waren. 8. Aufl. Vollst. neu bearb. von A. Kutzelnigg. 157 S., 32 Fig. 1959. (223)

Die Fette und Öle von Th. Klug. 6., verb. Aufl. 143 S. 1961. (335)

Die Seifenfabrikation von K. Braun†. 3., neubearb. u. verb. Aufl. von Th. Klug 116 S., 18 Abb. 1953. (336)

Thermische Verfahrenstechnik von H. Bock. 3 Bde.
I: Eigenschaften und Verhalten der realen Stoffe. 184 S., 28 Abb. 1963. (1209/1209a)
II: Funktion und Berechnung der elementaren Geräte. 195 S., 54 Abb. 1964. (1210/1210a)
III: Fließbilder, ihre Funktion und ihr Zusammenbau aus Geräten. 224 S., 67 Abb. 1965. (1211/1211a)

Textilindustrie von A. Blümcke.
I: Spinnerei und Zwirnerei. 111 S., 43 Abb. 1954. (184)

Biologie

Einführung in die allgemeine Biologie und ihre philosophischen Grund- und Grenzfragen von M. Hartmann. 2., unveränd. Aufl. 132 S., 2 Abb. 1965. (96)

Hormone von G. Koller. 2., neubearb. u. erw. Aufl. 187 S., 60 Abb., 19 Tab. 1949. (1141)

Fortpflanzung im Tier- und Pflanzenreich von J. Hämmerling. 2., erg. Aufl. 135 S., 101 Abb. 1951. (1138)

Geschlecht und Geschlechtsbestimmung im Tier- und Pflanzenreich von M. Hartmann. 2., verb. Aufl. 116 S., 61 Abb., 7 Tab. 1951. (1127)

Symbiose der Tiere mit pflanzlichen Mikroorganismen von P. Buchner. 2., verb. u. verm. Aufl. 130 S., 121 Abb. 1949. (1128)

Grundriß der allgemeinen Mikrobiologie von W. u. A. Schwartz. 2 Bde. 2., verb. u. erg. Aufl.
I: 147 S., 25 Abb. 1960. (1155)
II: 142 S., 29 Abb. 1961. (1157)

Botanik

Entwicklungsgeschichte des Pflanzenreiches von H. Heil. 2. Aufl. 138 S., 94 Abb., 1 Tab. 1950. (1137)

Morphologie der Pflanzen von L. Geitler. 3., umgearb. Aufl. 126 S., 114 Abb. 1953. (141)

Pflanzengeographie von L. Diels†. 5., völl. neu bearb. Aufl. von F. Mattick. 195 S., 2 Ktn. 1958. (389/389a)

Die Laubhölzer. Kurzgefaßte Beschreibung der in Mitteleuropa gedeihenden Laubbäume und Sträucher von F. W. Neger† und E. Münch†. 3., durchges. Aufl., hrsg. von B. Huber. 143 S., 63 Fig., 7 Tab. 1950. (718)

Die Nadelhölzer (Koniferen) und übrigen Gymnospermen von F. W. Neger† und E. Münch†. 4. Aufl., durchges. u. erg. von B. Huber. 140 S., 75 Fig., 4 Tab., 3 Ktn. 1952. (355)

Pflanzenzüchtung von H. Kuckuck. 2 Bde.
- I: Grundzüge der Pflanzenzüchtung. 3., völl. umgearb. u. erw. Aufl. 132 S., 22 Abb. 1952. (1134)
- II: Spezielle gartenbauliche Pflanzenzüchtung (Züchtung von Gemüse, Obst und Blumen). 2. Aufl. In Vorb. (1178/1178a)

Zoologie

Entwicklungsphysiologie der Tiere von F. Seidel. 2 Bde. 2. Aufl.
- I: Ei und Furchung. Etwa 160 S., 61 Abb. (1162)
- II: Körpergrundgestalt und Organbildung. In Vorb. (1163)

Vergleichende Physiologie der Tiere von K. Herter. 2 Bde. 4. Aufl. der „Tierphysiologie".
- I: Stoff- und Energiewechsel. Neu bearb. von K. Urich. 158 S., 61 Abb. 1966. (972/972a)
- II: Bewegung und Reizerscheinungen. Neu bearb. von G. Birukow. In Vorb. (973/973a)

Das Tierreich
- I: Einzeller, Protozoen von E. Reichenow. 115 S., 59 Abb. 1956. (444)
- II: Schwämme und Hohltiere von H. J. Hannemann. 95 S., 80 Abb. 1956. (442)
- III: Würmer. Platt-, Hohl-, Schnurwürmer, Kamptozoen, Ringelwürmer, Protracheaten, Bärtierchen, Zungenwürmer von S. Jaeckel. 114 S., 36 Abb. 1955. (439)
- IV, 1: Krebse von H. E. Gruner und K. Deckert. 114 S., 43 Abb. 1956. (443)
- IV, 2: Spinnentiere (Trilobitomorphen, Fühlerlose) und Tausendfüßler von A. Kaestner. 96 S., 55 Abb. 1955. (1161)
- IV, 3: Insekten von H. von Lengerken. 2., neubearb. Aufl. 140 S., 59 Abb. 1966. (594)
- V: Weichtiere. Urmollusken, Schnecken, Muscheln und Kopffüßer von S. Jaeckel. 92 S., 34 Fig. 1954. (440)

VI: Stachelhäuter. Tentakulaten, Binnenatmer und Pfeilwürmer von S. Jaeckel. 100 S., 46 Abb. 1955. (441)
VII, 1: Manteltiere, Schädellose, Rundmäuler von H. Fechter. In Vorb. (448)
VII, 2: Fische von D. Lüdemann. 130 S., 65 Abb. 1955. (356)
VII, 3: Lurche (Chordatiere) von K. Herter. 143 S., 129 Abb. 1955. (847)
VII, 4: Kriechtiere (Chordatiere) von K. Herter. 200 S., 142 Abb. 1960. (447/447 a)
VII, 5: Vögel (Chordatiere) von H.-A. Freye. 156 S., 69 Fig. 1960. (869)
VII, 6: Säugetiere (Chordatiere) von Th. Haltenorth. In Vorb. (282/282 a)

Land- und Forstwirtschaft

Landwirtschaftliche Tierzucht. Die Züchtung und Haltung der landwirtschaftlichen Nutztiere von H. Vogel. 139 S., 11 Abb. 1952. (228)

Kulturtechnische Bodenverbesserungen von O. Fauser. 2 Bde. 5., verb. u. verm. Aufl.
I: Allgemeines, Entwässerung. 127 S., 49 Abb. 1959. (691)
II: Bewässerung, Ödlandkultur, Flurbereinigung. 159 S., 71 Abb. 1961. (692)

Agrikulturchemie von K. Scharrer. 2 Bde.
I: Pflanzenernährung. 143 S. 1953. (329)
II: Futtermittelkunde. 192 S. 1956. (330/330a)

Geologie, Mineralogie, Kristallographie

Geologie von F. Lotze. 3., verb. Aufl. 179 S., 80 Abb. 1965. (13/13a)

Mineral- und Erzlagerstättenkunde von H. Huttenlocher†. 2 Bde. 2., neubearb. Aufl. von P. Ramdohr.
I: 137 S., 40 Abb., 2 Tab. 1965. (1014/1014a)
II: 135 S., 41 Abb. 1965. (1015/1015a)

Allgemeine Mineralogie. 12., erw. Aufl. der „Mineralogie" von R. Brauns† neubearb. von K. F. Chudoba. 152 S., 143 Textfig., 1 Taf., 3 Tab. 1968. (29/29 a)

Spezielle Mineralogie. 11., erw. Aufl. der „Mineralogie" von R. Brauns†, bearb. von K. F. Chudoba. 193 S., 127 Textfig., 6 Tab. 1964. (31/31 a)

Petrographie (Gesteinskunde) von W. Bruhns†. Neubearb. von P. Ramdohr. 6., erw. Aufl. 141 S., 21 Fig. 1966. (173)

Geochemie von K. H. Wedepohl. 221 S., 26 Abb., 37 Tab. 1967. (1224/1224 a/1224 b)

Kristallchemie von J. Zemann. 144 S., 90 Abb. 1966. (1220/1220a)

Kristallographie von W. Bruhns†. 6. Aufl., neubearb. von P. Ramdohr. 115 S., 164 Abb. 1965. (210)

Einführung in die Kristalloptik von E. Buchwald. 5., verb. Aufl. 128 S., 117 Fig. 1963 (619/619a)

Lötrohrprobierkunde. Mineraldiagnose mit Lötrohr und Tüpfelreaktion von M. Henglein. 4., durchges. u. erw. Aufl. 108 S., 12 Fig. 1962. (483)

Technik

Graphische Darstellung in Wissenschaft und Technik von M. Pirani. 3., erw. Aufl. bearb. von J. Fischer unt. Benutzg. der von I. Runge bes. 2. Aufl. 216 S., 104 Abb. 1957. (728/728a)

Technische Tabellen und Formeln von W. Müller. 5., verb. u. erw. Aufl. von E. Schulze. 165 S., 114 Abb., 99 Taf. 1962. (579)

Einführung in die Arbeitswissenschaft von H. H. Hilf. 164 S., 57 Abb. 1964. (1212/1212a)

Grundlagen der Straßenverkehrstechnik. Theorie der Leistungsfähigkeit von E. Engel. 101 S., 55 Abb. 1962. (1198)

Elektrotechnik

Grundlagen der allgemeinen Elektrotechnik von O. Mohr. 3. Aufl. 260 S., 136 Bild., 14 Taf. 1965. (196/196a)

Die Gleichstrommaschine von K. Humburg. 2 Bde. 3. Aufl.
I: Etwa 102 S., 59 Abb. In Vorb. (257)
II: Etwa 101 S., 38 Abb. In Vorb. (881)

Die Synchronmaschine von W. Putz. 92 S., 64 Bild. 1962. (1146)

Induktionsmaschinen von F. Unger. 3. Aufl. In Vorb. (1140)

Die komplexe Berechnung von Wechselstromschaltungen von H. H. Meinke. 3., neubearb. Aufl. 185 S., 126 Abb. 1965. (1156/1156a)

Theoretische Grundlagen zur Berechnung der Schaltgeräte von F. Kesselring. 4. Aufl. 1968. (711/711a/711b)

Einführung in die Technik selbsttätiger Regelungen von W. zur Megede. 3., überarb. u. erw. Aufl. Etwa 180 S., 86 Abb. 1968. In Vorb. (714/714a)

Elektromotorische Antriebe von W. Meyer. 223 S., 113 Abb. 1967. (827/827a/827b)

Überspannungen und Überspannungsschutz von G. Frühauf. Durchges. Neudr. 122 S., 98 Abb. 1950. (1132)

Elektrische Höchstspannungs-Schaltanlagen. Für Freiluft und Innenanordnung von G. Meiners u. K.-H. Wiesenewsky. 138 S., 58 Abb. 1964. (796/796a)

Transformatoren von W. Schäfer. 5., überarb. u. erg. Aufl. 130 S., 73 Abb. 1967. (952/952a)

Maschinenbau

Thermische Verfahrenstechnik von H. Bock. 3 Bde.
- I: Eigenschaften und Verhalten der realen Stoffe. 184 S., 28 Abb. 1963. (1209/1209 a)
- II: Funktion und Berechnung der elementaren Geräte. 195 S., 54 Abb. 1964. (1210/1210a)
- III: Fließbilder, ihre Funktion und ihr Zusammenbau aus Geräten. 224 S., 67 Abb. 1965. (1211/1211 a)

Technische Thermodynamik von U. Grigull. 171 S., 74 Abb. 1966. (1084/1084 a)

Metallkunde von H. Borchers. 3 Bde.
- I: Aufbau der Metalle und Legierungen. 6. Aufl. 120 S., 90 Abb., 2 Tab. 1964. (432)
- II: Eigenschaften, Grundzüge der Form- und Zustandsgebung. 5., erg. u. durchges. Aufl. 182 S., 107 Abb., 10 Tab. 1963. (433/433 a)
- III: Die metallkundlichen Untersuchungsmethoden von E. Hanke. In Vorb. (434)

Die Werkstoffe des Maschinenbaues von A. Thum† und C. M. v. Meysenbug. 2 Bde.
- I: Einführung in die Werkstoffprüfung. 3. Aufl. In Vorb. (476)
- II: Die Konstruktionswerkstoffe. 132 S., 40 Abb. 1959. (936)

Dynamik von W. Müller. 2 Bde. 2., verb. Aufl.
- I: Dynamik des Einzelkörpers. 128 S., 48 Fig 1952. (902)
- II: Systeme von starren Körpern. 102 S., 41 Fig. 1952. (903)

Technische Schwingungslehre von L. Zipperer. 2 Bde. 2., neubearb. Aufl.
- I: Allgemeine Schwingungsgleichungen, einfache Schwinger. 120 S., 101 Abb. 1953. (953)
- II: Torsionsschwingungen in Maschinenanlagen. 102 S., 59 Abb. 1955. (961/961 a)

Werkzeugmaschinen für Metallbearbeitung von K. P. Matthes. 2 Bde.
- I: 100 S., 27 Abb., 11 Zahlentaf., 1 Tafelanh. 1954. (561)
- II: Fertigungstechnische Grundlagen der neuzeitlichen Metallbearbeitung. 101 S., 30 Abb., 5 Taf. 1955. (562)

Das Maschinenzeichnen mit Einführung in das Konstruieren von W. Tochtermann. 2 Bde. 4. Aufl.
- I: Das Maschinenzeichnen. 156 S., 75 Taf. 1950 (589)
- II: Ausgeführte Konstruktionsbeispiele. 130 S., 58 Taf. 1950. (590)

Die Maschinenelemente von E. A. vom Ende†. 4., überarb. Aufl. 184 S., 179 Fig., 11 Taf. 1963. (3/3a)

Die Maschinen der Eisenhüttenwerke von L. Engel. 156 S., 95 Abb. 1957. (583/583 a)

Walzwerke von H. Sedlaczek†. 3., neubearb. Aufl. In Vorb. (580/580a)

Getriebelehre von P. Grodzinski†. 2 Bde. 3., neubearb. Aufl. von G. Lechner.
- I: Geometrische Grundlagen. 164 S., 131 Fig. 1960. (1061)
- II: Angewandte Getriebelehre. In Vorb. (1062)

Kinematik von H. R. Müller. 171 S., 75 Fig. 1963. (584/584a)

Gießereitechnik von H. Jungbluth. 2 Bde.
I. Eisengießerei. 126 S., 44 Abb. 1951. (1159)

Die Dampfkessel einschließlich Feuerungen und Hilfseinrichtungen. Physikalische und chemische Grundlagen, Berechnung und Konstruktion, Vorschriften und Beispiele von W. Marcard. 3., neubearb. Aufl. von G. Beyer 2 Bde.
I: Physikalische und chemische Grundlagen, Wärmelehre, Wärmeübertragung, Verbrennung. 133 S., 35 Bild., 26 Tab. 1964. (9/9a)
II: Berechnung und Konstruktion. Dampfkessel, Hilfseinrichtungen. Feuerungen, Berechnung. 108 S., 45 Bild. 1966. (521/521a)

Die Dampfturbinen. Ihre Wirkungsweise, Berechnung und Konstruktion von C. Zietemann. 3 Bde.
I: Theorie der Dampfturbinen. 4. Aufl. 139 S., 48 Abb. In Vorb. (274)
II: Die Berechnung der Dampfturbinen und die Konstruktion der Einzelteile. 4., verb. Aufl. 132 S. 111 Abb. In Vorb. (715)
III: Die Regelung der Dampfturbinen, die Bauarten, Turbinen für Sonderzwecke, Kondensationsanlagen. 3., verb. Aufl. 126 S., 90 Abb. 1956. (716)

Verbrennungsmotoren von W. Endres. 3 Bde.
I: Überblick. Motor-Brennstoffe, Verbrennung im Motor allgemein, im Otto- und Diesel-Motor. 2. Aufl. In Vorb. (1076/1076a)
II: Gaswechselvorgang. Aufladen, Leistung, mittl. Druck. Reibung, Wirkungsgrade und Kraftstoffverbrauch. 152 S., 62 Abb. 1966. (1184/1184a)
III: Die Einzelteile des Verbrennungsmotors. In Vorb. (1185/1185a)

Autogenes Schweißen und Schneiden von H. Niese. 5. Aufl., neubearb. von A. Küchler. 136 S., 71 Fig. 1953. (499)

Die elektrischen Schweißverfahren von H. Niese. 2. Aufl., neubearb. von H. Dienst. 136 S., 58 Abb. 1955. (1020)

Die Hebezeuge. Entwurf von Winden und Kranen von G. Tafel. 2., verb. Aufl. 176 S., 230 Fig. 1954. (414/414a)

Vermessungswesen

Vermessungskunde von W. Großmann. 3 Bde.
I: Stückvermessung und Nivellieren. 12., verb. Aufl. 156 S., 122 Fig. 1965., (468)
II: Horizontalaufnahmen und ebene Rechnungen. 10., verb. Aufl. 149 S., 101 Fig. 1967. (469/469a)
III: Trigonometrische und barometrische Höhenmessung. Tachymetrie und Absteckungen. 8., verb. Aufl. 140 S., 102 Fig. 1965. (862)

Kartographie von V. Heissler. 2. Aufl. 213 S., 125 Abb., 8 Anl. 1966. (30/30a)

Photogrammetrie von G. Lehmann. 2., neubearb. Aufl. 205 S., 135 Abb. 1966. (1188/1188a)

Wasserbau

Wasserkraftanlagen von A. Ludin unt. Mitarb. von W. Borkenstein. 2 Bde.
I: Planung, Grundlagen und Grundzüge. 124 S., 60 Abb. 1955. (665)
II: Anordnung und Ausbildung der Hauptbauwerke. 184 S., 91 Abb. 1958. (666/666a)

Verkehrswasserbau von H. Dehnert. 3 Bde.
I: Entwurfsgrundlagen, Flußregelungen 103 S., 53 Abb. 1950. (585)
II: Flußkanalisierung und Schiffahrtskanäle. 94 S., 60 Abb. 1950. (597)
III: Schleusen und Hebewerke. 98 S., 70 Abb. 1950 (1152)

Wehr- und Stauanlagen von H. Dehnert. 134 S., 90 Abb. 1952. (965)

Talsperren von F. Tölke. 122 S., 70 Abb. 1953. (1044)

Hoch- und Tiefbau

Die wichtigsten Baustoffe des Hoch- und Tiefbaus von O. Graf†. 4., verb. Aufl. 131 S., 63 Abb. 1953. (984)

Baustoffverarbeitung und Baustellenprüfung des Betons von A. Kleinlogel. 2., neubearb. u. erw. Aufl. 126 S., 35 Abb. 1951. (978)

Festigkeitslehre. 2 Bde.
I: Elastizität, Plastizität und Festigkeit der Baustoffe und Bauteile von W. Gehler† u. W. Herberg. Durchges. u. erw. Neudr. 159 S., 118 Abb. 1952. (1144)
II: Formänderung, Platten, Stabilität und Bruchhypothesen von W. Herberg und N. Dimitrov. 187 S., 94 Abb. 1955. (1145/1145a)

Grundlagen des Stahlbetonbaues von A. Troche. 2., neubearb. u. erw. Aufl. 208 S., 75 Abb., 17 Bemessungstaf., 20 Rechenbeisp. 1953. (1078)

Statik der Baukonstruktionen von A. Teichmann 3 Bde.
I: Grundlagen. 101 S., 51 Abb., 8 Formeltaf. 1956. (119)
II: Statisch bestimmte Stabwerke. 107 S., 52 Abb., 7 Taf. 1957 (120)
III: Statisch unbestimmte Systeme. 112 S., 34 Abb., 7 Formeltaf. 1958. (122)

Fenster, Türen, Tore aus Holz und Metall. Eine Anleitung zu ihrer guten Gestaltung, wirtschaftlichen Bemessung und handwerksgerechten Konstruktion von W. Wickop†. 5. Aufl. In Vorb. (1092)

Heizung und Lüftung von W. Körting. 2 Bde., neubearb. Aufl.
I: Das Wesen und die Berechnung der Heizungs- und Lüftungsanlagen. 171 S., 29 Abb., 36 Zahlentaf. 1962. (342/342a)
II: Die Ausführung der Heizungs- und Lüftungsanlagen. In Vorb. (343)

Industrielle Kraft- und Wärmewirtschaft von F. A. F. Schmidt u. A. Beckers. 167 S., 73 Abb. 1957. (318/318a)

Sammlung Göschen / Bandnummernfolge

1 Langosch, Der Nibelunge Nôt
3/3a v. Ende, Maschinenelemente
9/9a Marcard-Beyer, Dampfkessel I
10 Jiriczek-Wisniewski, Kudrun und Dietrich-Epen
13/13a Lotze, Geologie
18 Maurer, Hartmann von Aue, Der arme Heinrich
19 Altheim, Römische Geschichte I
20 Hofstaetter, Dt. Sprachlehre
22 Maurer, Gottfried von Strassburg
29/29a Brauns-Chudoba, Allgemeine Mineralogie
30/30a Heissler, Kartographie
31/31a Brauns-Chudoba, Spezielle Mineralogie
32 Schneider-Wisniewski, Deutsche Heldensage
35 Treue, Dt. Geschichte von 1648 bis 1740
37/37a Klemm, Anorgan. Chemie
38/38a Schlenk, Organische Chemie
39 Treue, Dt. Geschichte von 1713 bis 1806
42 Behn-Hoernes, Vorgeschichte Europas
44 Kresze, Physikal. Meth. in der Organ. Chemie I
45/45a Kresze, Physikal. Meth. in der Organ. Chemie II
47 Fischer-Rohrbach, Arithmetik
51/51a Ringleb, Mathem. Formelsammlung
52 Bieler, Röm. Literaturgesch. I
59 Krahe, Indogerm. Sprachwiss. I
60 Biehle, Stimmkunde
61 Biehle, Redetechnik
64 Krahe, Indogerm. Sprachwiss. II
65/65a Grotemeyer, Analyt. Geometrie
66 Berneker-Vasmer, Russische Grammatik
70 Nestle-Liebich, Gesch. d. griechischen Literatur I
71 Schulze, Allgemeine und physikalische Chemie I
76 Döring, Einf. i. d. th. Physik I
77/77a Döring, Einf. i. d. th. Physik II
78 Döring, Einf. i. d. th. Physik III
79/79a Hempel, Got. Elementarbuch
80 Weigert, Stilkunde I
81 Schubert-Haussner-Erlebach, Vierstell. Logarithmentafeln
86 Barner, Differential- u. Integralrechnung I
96 Hartmann, Einf. in die allgem. Biologie
99 Hessenberg-Kneser, Ebene und sphär. Trigonometrie
101/101a Wiese, Soziologie
103 Dahrendorf, Industrie- und Betriebssoziologie
104/104a Hofstätter, Sozialpsychologie
111/111a Hoffmann-Debrunner-Scherer, Gesch. d. griechischen Sprache I
114/114a Debrunner-Scherer, Gesch. der griechischen Sprache II
117 Brandenstein, Griechische Sprachwissenschaft I
118/118a Brandenstein, Griechische Sprachwissenschaft II
119 Teichmann, Statik der Baukonstruktionen I
120 Teichmann, Statik der Baukonstruktionen II
122 Teichmann, Statik der Baukonstruktionen III

128/128a Lausberg, Romanische Sprachwissenschaft I
136/136a Mahler-Sohr, Physikal. Formelsammlung
141 Geitler, Morphologie der Pflanzen
142 Haack, Darst. Geometrie I
143 Haack, Darst. Geometrie II
144 Haack, Darst. Geometrie III
145/145a Weimer, Gesch. der Pädagogik
148 Kolms, Finanzwissenschaft I
156/156a Landmann, Philosophische Anthropologie
170 Oehlmann, Musik des 19. Jhs.
171/171a Oehlmann, Musik des 20. Jhs.
173 Bruhns-Ramdohr, Petrographie
174 Schlingloff, Religion des Buddhismus I
180 Böhm, Versicherungsmathem. I
184 Blümcke, Textilindustrie I
196/196a Mohr, Grundlagen der allgem. Elektrotechnik
200/200a Gottschald, Dt. Rechtschreibungswörterbuch
210 Bruhns-Ramdohr, Kristallographie
220/220a Moser, Allg. Musiklehre
221/221a Jander-Jahr-Knoll, Maßanalyse
222 Hassak-Beutel-Kutzelnigg, Warenkunde I
223 Hassak-Beutel-Kutzelnigg, Warenkunde II
226/226a Hofmann, Gesch. der Mathematik I
223 Vogel, Landw. Tierzucht
231/231a Ehrlich, Geschichte Israels
238 Krahe, German. Sprachwiss. I
243 Mahler-Graewe, Physikal. Aufgabensammlung
247/247a Hofmann-Jander, Qualitative Analyse
250 Lausberg, Romanische Sprachwissenschaft II
252 Vetter, Elektrochemie I
253 Vetter, Elektrochemie II
257 Humburg, Gleichstrommaschine I
264 Lockemann, Gesch. der Chemie I
265/265a Lockemann, Geschichte der Chemie II
270/270a Kirn-Leuschner, Einführung in die Geschichtswissenschaft
274 Zietemann, Dampfturbinen I
279 Jacob-Hohenleutner, Quellenkunde der deutschen Geschichte I
280 Jacob-Hohenleutner, Quellenkunde der deutschen Geschichte II
281 Leisegang, Einführung in die Philosophie
282/282a Haltenorth, Säugetiere
284 Jacob-Weden, Quellenkunde der deutschen Geschichte III
318/318a Schmidt-Beckers, Industrielle Kraft- u. Wärmewirtschaft
319 Krug, Australien und Ozeanien
329 Scharrer, Agrikulturchemie I
330/330a Scharrer, Agrikulturchemie II
335 Klug, Fette und Öle
336 Braun-Klug, Seifenfabrikation
342/342a Körting, Heizung und Lüftung I
343 Körting, Heizung und Lüftung II
344 Moser, Musikästhetik
354/354a Valentiner-König, Vektoren und Matrizen
355 Neger-Münch-Huber, Nadelhölzer
356 Lüdemann, Fische
374 Döring, Einf. i. d. th. Physik IV
375/375a Preller, Geschichte Englands I
389/389a Diels-Mattick, Pflanzengeographie
391 Kolms, Finanzwissenschaft II
394/394a Schilling, Von der Renaissance bis Kant
414/414a Tafel, Hebezeuge
422 Gottschald, Dt. Personennamen
423 Adler-Erlebach, Fünfstellige Logarithmen
432 Borchers, Metallkunde I
433/433a Borchers, Metallkunde II
434 Borchers-Hanke, Metallkunde III
435 Burau, Algebr. Kurven und Flächen I
436/436a Burau, Algebr. Kurven und Flächen II
439 Jaeckel, Würmer
440 Jaeckel, Weichtiere
441 Jaeckel, Stachelhäuter

442 Hannemann, Schwämme und Hohltiere
443 Gruner-Deckert, Krebse
444 Reichenow, Einzeller
445 Asmus, Physikal.-chem. Rechenaufgaben
447/447 a Herter, Kriechtiere
448 Fechter, Manteltiere
452/452 a Bahrdt-Scheer, Stöchiometr. Aufgabenslg.
468 Großmann, Vermessungskunde I
469/469 a Großmann, Vermessungskunde II
476 Thum-Meysenbug, Werkstoffe des Maschinenbaues I
483 Henglein, Lötrohrprobierkunde
492/492 a Stolz-Debrunner-Schmid, Geschichte der lateinischen Sprache
499 Niese-Küchler, Autogenes Schweißen
500 Simmel, Hauptprobleme der Philosophie
521/521 a Marcard-Beyer, Dampfkessel II
536 Lehmann, Kant
538 Rumpf, Archäologie I
539 Rumpf, Archäologie II
540 Rumpf, Archäologie III
557 Nestle-Liebich, Gesch. der griech. Literatur II
561 Matthes, Werkzeugmaschinen I
562 Matthes, Werkzeugmaschinen II
564 Behn-Hoernes, Kultur der Urzeit I
565 Behn-Hoernes, Kultur d. Urzeit II
566 Behn-Hoernes, Kultur d. Urzeit III
571 Lehmann, Philosophie des 19. Jahrhunderts I
576/576 a Moser, Gesangskunst
579 Müller-Schulze, Techn. Tabellen
580/580 a Sedlaczek, Walzwerke
583/583 a Engel, Maschinen der Eisenhüttenwerke
584/584 a Müller, Kinematik
585 Dehnert, Verkehrswasserbau I
587 Kalitsunakis-Steinmetz, Neugriech.-dt. Gesprächsbuch
589 Tochtermann, Maschinenzeichnen I
590 Tochtermann, Maschinenzeichnen II
594 Lengerken, Insekten
597 Dehnert, Verkehrswasserbau II
601 Mutschmann-Scherer, Engl. Phonetik
608/608 a/608 b Erman-Krückmann, Hieroglyphen
619/619 a Buchwald, Kristalloptik
665 Ludin-Borkenstein, Wasserkraftanlagen I
666/666 a Ludin-Borkenstein, Wasserkraftanlagen II
668 Knopp, Funktionentheorie I
677 Altheim, Röm. Geschichte II
679 Altheim, Röm. Geschichte III
684 Altheim, Röm. Geschichte IV
691 Fauser, Kulturtechn. Bodenverbesserungen I
692 Fauser, Kulturtechn. Bodenverbesserungen II
698/698 a Schulze, Allgemeine u. physikalische Chemie II
703 Knopp, Funktionentheorie II
708/708 a/708 b Meissner-Oberhuber, Keilschrift
709 Lehmann, Philosophie des 19. Jahrhunderts II
711/711 a/711 b Kesselring, Berechnung der Schaltgeräte
714/714 a zur Megede, Technik selbsttätiger Regelungen
715 Zietemann, Dampfturbinen II
716 Zietemann, Dampfturbinen III
718 Neger-Münch-Huber, Laubhölzer
728/728 a Pirani-Fischer-Runge, Graph. Darstellung in Wissenschaft u. Technik
735 Ekwall, Historische neuengl. Laut- und Formenlehre
746/746 a Pfanzagl, Allg. Methodenlehre der Statistik I
747/747 a Pfanzagl, Allg. Methodenlehre der Statistik II
756/756 a Kalitsunakis, Gramm. d. Neugriech. Volksspr.
763/763 a/763 b Meyer, Hebräische Grammatik I
764/764 a/764 b Meyer, Hebräische Grammatik II
765/765 a/765 b Meyer, Hebräische Grammatik III
768/768 a Bieberbach, Einführung in die konforme Abbildung

769/769a Beer-Meyer, Hebräisches Textbuch
770 Schlingloff, Religion des Buddhismus II
776/776a Kolms, Finanzwissenschaft III
780 Krahe, German. Sprachwiss. II
781 Weigert, Stilkunde II
782/782a Kolms, Finanzwissenschaft IV
786 Schulze, Molekülbau
796/796a Meiners-Wiesenewsky, Elektr. Höchstspannungs-Schaltanlagen
809 Moser, Harmonielehre I
810 Moser, Harmonielehre II
826 Koch, Philosophie d. Mittelalters
827/827a/827b Meyer, Elektromotorische Antriebe
831 Erismann, Allg. Psychologie I
832/832a Erismann, Allg. Psychologie II
833 Erismann, Allg. Psychologie III
834/834a Erismann, Allg. Psychologie IV
837/837a Baumgartner, Gruppentheorie
845 Lehmann, Philosophie im ersten Drittel des 20. Jhs. I
847 Herter, Lurche
850 Lehmann, Philosophie im ersten Drittel des 20. Jhs. II
851/851a Moede, Psychologie des Berufs- und Wirtschaftslebens
857 Capelle, Griech. Philosophie I
858 Capelle, Griech. Philos. II
859 Capelle, Griech. Philos. III
862 Großmann, Vermessungskunde III
863 Capelle, Griech. Philos. IV
866 Bieler, Röm. Literaturgeschichte II
869 Freye, Vögel
875 Hofmann, Geschichte der Mathematik II
877 Knopp, Aufgabensammlung zur Funktionentheorie I
878 Knopp, Aufgabensammlung zur Funktionentheorie II
881 Humburg, Gleichstrommaschine II
882 Hofmann, Geschichte der Mathematik III
883 Stuloff, Mathematik der neuesten Zeit
893 Treue, Dt. Geschichte von 1806 bis 1890
894 Treue, Dt. Geschichte von 1890 bis zur Gegenwart
896/896a Pokorny, Altirische Gramm.
902 Müller, Dynamik I
903 Müller, Dynamik II
910 Jaeger, Afrika I
911 Jaeger, Afrika II
915 Sperber-Polenz, Gesch. der Deutschen Sprache
917/917a Böhm, Versicherungsmathematik II
920/920a Hoheisel, Gewöhnliche Differentialgleichungen
921 Jantzen-Kolb, W. v. Eschenbach, Parzival
924/924a Brandenstein, Griechische Sprachwissenschaft III
929 Schirmer-Mitzka, Dt. Wortkunde
930 Krull, Elementare und klassische Algebra I
931 Hasse, Höhere Algebra I
932 Hasse, Höhere Algebra II
933 Krull, Elementare und klassische Algebra II
936 Thum-Meysenbug, Werkstoffe d. Maschinenbaues II
942/942a Damerau, Polnische Grammatik
952/952a Schäfer, Transformatoren
953 Zipperer, Techn. Schwingungslehre I
961/961a Zipperer, Techn. Schwingungslehre II
965 Dehnert, Wehr- und Stauanlagen
970/970a Baldus-Löbell, Nichteuklidische Geometrie
972/972a Herter-Urich, Vergleichende Physiologie der Tiere I
973/973a Herter-Birukow, Vergleichende Physiologie der Tiere II
978 Kleinlogel, Baustoffverarbeitung und Baustellenprüfung d. Betons
984 Graf, Baustoffe des Hoch- und Tiefbaus
999/999a Kamke, Mengenlehre
1000 Jaspers, Geistige Situat. der Zeit

1003 Hoheisel, Partielle Differentialgleichungen
1008/1008a Mellerowicz, Allgem. Betriebswirtschaftslehre I
1009 Bechert-Gerthsen-Flammersfeld, Atomphysik I
1014/1014a Huttenlocher-Ramdohr, Mineral- und Erzlagerstättenkunde I
1015/1015a Huttenlocher-Ramdohr, Mineral- und Erzlagerstättenkunde II
1017 Döring, Einf. i. d. th. Physik V
1020 Niese-Dienst, Elektrische Schweißverfahren
1031/1031a Apel-Ludz, Philosophisches Wörterbuch
1033 Bechert-Gerthsen-Flammersfeld, Atomphysik II
1034 Kranefeldt-Jung, Therapeutische Psychologie
1035 Altheim, Röm. Religionsgeschichte I
1039/1039a Dovifat, Zeitungslehre I
1040/1040a Dovifat. Zeitungslehre II
1044 Tölke, Talsperren
1045 Schubert, Technik des Klavierspiels
1051/1051a Stolberg-Wernigerode, Gesch. d. Vereinigten Staaten
1052 Altheim, Röm. Religionsgeschichte II
1059/1059a Hoheisel, Aufgabenslg. z. d. gew. u. part. Differentialgleichungen
1061 Grodzinski-Lechner, Getriebelehre I
1062 Grodzinski-Lechner, Getriebelehre II
1065 Haller-Dannenbauer, Von d. Karolingern zu den Staufern
1070 Sauter, Differentialgleichungen der Physik
1074 Koschmieder, Variationsrechnung I
1075 Koschmieder, Variationsrechnung II
1076/1076a Endres, Verbrennungsmotoren I
1077 Haller-Dannenbauer, Von den Staufern zu den Habsburgern
1078 Troche, Stahlbetonbau
1082 Hasse-Klobe, Aufgabensammlung zur höheren Algebra
1084/1084a Grigull, Techn. Thermodynamik
1085 Lietzmann-Aland, Zeitrechnung
1086 Müller, Dt. Dichten und Denken
1088 Preller, Gesch. Englands II
1092 Wickop, Fenster, Türen, Tore
1094 Hernried, System, Modulation
1096 Viëtor, Dt. Dichten und Denken
1099 Hoheisel, Integralgleichungen
1105 Hartung, Dt. Geschichte im Zeitalter der Reformation
1108 de Boor-Wisniewski, Mittelhochdeutsche Grammatik
1109 Knopp, Elemente der Funktionentheorie
1111/1111a Naumann-Betz, Althochdt. Elementarbuch
1113/1113a Strubecker, Differentialgeometrie I
1114/1114a Schubel, Engl. Literaturgeschichte I
1115/1115a/1115b Ranke-Hofmann, Altnord Elementarbuch
1116 Schubel, Engl. Literaturgeschichte II
1117 Haller-Dannenbauer, Eintritt der Germanen in die Geschichte
1121 Naumann, Dt. Dichten u. Denken
1122 Jesch, Sprecherziehung
1123/1123a Bechert-Gerthsen-Flammersfeld, Atomphysik III
1124 Schubel, Engl. Literaturgeschichte III
1125 Lehnert, Altengl. Elementarbuch
1127 Hartmann, Geschlecht u. Geschlechtsbestimmung im Tier- und Pflanzenreich
1128 Buchner. Symbiose d. Tiere
1130 Dibelius-Kümmel, Jesus
1131 Scholz-Schoeneberg, Einführung in die Zahlentheorie
1132 Frühauf, Überspannungen
1134 Kuckuck, Pflanzenzüchtung I
1135 Lehnert, Beowulf
1137 Heil, Entwicklungsgesch. Pflanzenreiches
1138 Hämmerling, Fortpflanzung im Tier- und Pflanzenreich
1140 Unger, Induktionsmaschinen
1141 Koller, Hormone

1142 Meissner-Lehnert, Shakespeare
1144 Gehler-Herberg, Festigkeitslehre I
1145/1145 a Herberg-Dimitrov, Festigkeitslehre II
1146 Putz, Synchronmaschine
1147 Waltershausen, Kunst d. Dirigierens
1148 Pepping, Der polyphone Satz I
1152 Dehnert, Verkehrswasserbau III
1153/1153 a Mellerowicz, Allgem. Betriebswirtschaftslehre II
1154/1154 a Mellerowicz, Allgem. Betriebswirtschaftslehre III
1155 Schwartz, Mikrobiologie I
1156/1156 a Meinke, Komplexe Berechnungen v. Wechselstromschaltungen
1157 Schwartz, Mikrobiologie II
1158/1158 a Mayrhofer, Sanskrit-Grammatik
1159 Jungbluth, Gießereitechnik I
1160 Dibelius-Kümmel, Paulus
1161 Kaestner, Spinnentiere
1162 Seidel Entwicklungsphysiologie der Tiere I
1163 Seidel, Entwicklungsphysiologie der Tiere II
1164/1164 a Pepping, Der polyphone Satz II
1165/1165 a Bechert-Gerthsen-Flammersfeld, Atomphysik IV
Paulsen, Allgemeine Volkswirtschaftslehre I
1170 Paulsen, Allgemeine Volkswirtschaftslehre II
1171/1171 a Paulsen, Allgemeine Volkswirtschaftslehre III
1172 Paulsen, Allgemeine Volkswirtschaftslehre IV
1173/1173 a Hamann-Funke-Nollen, Chemie der Kunststoffe
1176/1176 a Lorenzen, Form. Logik
1177/1177 a Redeker, Schleiermacher
1178/1178 a Kuckuck, Pflanzenzüchtung II
1179/1179 a Strubecker, Differentialgeometrie II
1180/1180 a Strubecker, Differentialgeometrie III
1181 Franz, Topologie I
1182/1182 a Franz, Topologie II
1183/1183 a Nicolas, Finanzmathematik
1184/1184 a Endres, Verbrennungsmotoren II
1185/1185 a Endres, Verbrennungsmotoren III
1186/1186 a Mellerowicz, Allgem. Betriebswirtschaftslehre IV
1187 Lau, Luther
1188/1188 a Lehmann, Photogrammetrie
1189/1189 a Päsler, Mechanik
1190 Stupperich, Melanchthon
1191/1191 a Bräuer, Slav. Sprachwissenschaft I
1192/1192 a Bräuer, Slav. Sprachwissenschaft II
1193 Fürstenberg, Wirtschaftssoziologie
1194/1194 a Wendt, Gesch. d. Volkswirtschaftslehre
1195 Ohm, Allgem. Volkswirtschaftspolitik I
1196/1196 a Ohm, Allgem. Volkswirtschaftspolitik II
1197/1197 a Onasch, Konfessionskunde der orthod. Kirchen
1198 Engel, Straßenverkehrstechnik
1199 Lausberg, Romanische Sprachwissenschaft III, 1. Teil
1200/1200 a Lausberg, Romanische Sprachwissenschaft III, 2. Teil
1201/1201 a Dehn, Versuche zur allgem. u. phys. Chemie
1202/1202 a Nagel, Gesch. des christl. Gottesdienstes
1203 Wendland, Sozialethik
1204 Scheurig, Zeitgeschichte
1205/1205 a Hofmann, Ideengeschichte d. soz. Bewegung
1206/1206 a Langen, Lineare Programmierung
1208 Lausberg, Romanische Sprachwissenschaft IV
1209/1209 a Bock, Therm. Verfahrenstechnik I
1210/1210 a Bock, Therm. Verfahrenstechnik II
1211/1211 a Bock, Therm. Verfahrenstechnik III
1212/1212 a Hilf, Arbeitswissenschaft
1213/1213 a Kosiol, Buchhaltung und Bilanz

1216/1216a Bauer, Wahrscheinlichkeitstheorie I
1217 Bauer, Wahrscheinlichkeitstheorie II
1218/1218a/1218b Meid, German. Sprachwiss. III
1219 Schmidt-Clausing, Zwingli
1220/1220a Zemann, Kristallchemie
1221 Gerdes, Kierkegaard
1222/1222a Tschižewskij, Slav. Literaturen I
1223/1223a Tschižewskij, Slav. Literaturen II
1224/1224a/1224b Wedepohl, Geochemie
1225/1225a Schneider-Jurksch, Datenverarbeitungsanlagen
1226/1226a/1226b Weinstock, Mittelengl. Elementarbuch
1227/1227a Wedig, Übungsaufgaben zu A. Paulsen, Allgem. Volkswirtschaftslehre I/II

Autorenregister

MIX
Papier | Fördert gute Waldnutzung
FSC® C083411

Zeitfracht Medien GmbH
Ferdinand-Jühlke-Straße 7
99095 Erfurt, Deutschland
produktsicherheit@kolibri360.de